Ceifador

Contos de Ficção Científica

Odair Oliveira de Sá

Contos de Ficção Científica

Ceifador

Odair Oliveira de Sá

Nota do autor

Sou brasileiro, com pouco mais de cinco décadas de idade!

Busquei sempre o conhecimento, nas suas variadas formas e propósitos, e em cada momento da Vida, experimentei uma vida quase comum, digo quase comum, pois me permiti ter experiências variadas na busca do conhecimento transcendental, além de ter praticamente feito tudo que desejei fazer, sem fazer mal aos semelhantes, na terra, no mar e no ar. Na verdade, eu acho, procurei me encontrar com Deus, de várias formas e por vários caminhos.

Prefácio da primeira edição

É com grande entusiasmo e prazer que apresento a vocês este livro de contos, intitulado 'Ceifador'. Nas páginas que se seguem, vocês encontrarão uma jornada fascinante e cativante pelos recantos da experiência humana, explorando os mistérios da condição humana e as complexidades da vida em um mundo turbulento e violento.

Este livro literalmente nasceu! Foi estranho e ao mesmo tempo enriquecedor escrever esse livro com dois contos que retratam ambientes e situações completamente diferentes, como uma ficção científica baseada não em suposições do que poderia ser, mas puramente pela intuição na medida em que os personagens eram criados.

Os dados científicos são reais e retratam o nosso conhecimento atual sobre Cosmologia e Física.

Foi uma necessidade de compartilhar ideias, reflexões e experiências que, espero, possam inspirar, desafiar e enriquecer a vida de cada leitor. Ao longo das próximas páginas, vocês serão convidados a embarcar em uma jornada intelectual e emocional, em busca de uma compreensão mais profunda do mundo ao nosso redor e de nós mesmos.

A obra que têm em mãos é o resultado de anos de pesquisa, estudo e introspecção. Cada capítulo oferece um olhar perspicaz sobre questões que nos afetam como seres humanos: desde os dilemas éticos e morais até as vicissitudes do amor e da perda, passando pelas lutas e triunfos que moldam nossa existência.

Ao longo deste livro, vocês serão convidados a refletir sobre o propósito da vida, a natureza da felicidade, a busca pela verdade e o poder da resiliência. Serão apresentados conceitos desafiadores, novas perspectivas e histórias inspiradoras que irão expandir seus horizontes e estimular sua mente.

Embora eu tenha buscado trazer clareza e coerência a essas ideias, é importante ressaltar que este livro não pretende oferecer respostas definitivas. Em vez disso, ele busca criar um espaço para a reflexão, um convite para que cada leitor faça suas próprias conexões e extraia significado de acordo com sua própria jornada.

Espero sinceramente que este livro possa proporcionar uma experiência enriquecedora e transformadora a todos os que o lerem. Que ele inspire novas perspectivas, desafie convicções arraigadas e, acima de tudo, abra portas para um maior entendimento do mundo e de nós mesmos.

Boa leitura!

Odair Oliveira de Sá - Maio de 2023

Prolegômenos

Ceifador é uma palavra que se refere a alguém ou algo relacionado à ceifa, que é o ato de colher ou colher algo, especialmente quando se trata de colher plantas ou culturas agrícolas. No contexto figurativo, o ceifador é frequentemente associado à personificação da morte, simbolizando a colheita final da vida humana. Essa imagem do ceifador é comumente representada como uma figura encapuzada com uma foice, que corta as almas dos mortos. O ceifador também é conhecido por outros nomes, como a Morte, o Grim Reaper (em inglês) ou o Anjo da Morte. É uma figura recorrente em várias culturas e mitologias, frequentemente retratada como um ser sombrio e assustador que marca o fim da vida.

O Ceifador, também conhecido como a Morte, é uma figura mitológica e simbólica presente em várias culturas e tradições ao redor do mundo. Ele personifica o fim da vida e a transição para o além. O Ceifador é frequentemente retratado como uma figura espectral ou esquelética, vestindo um manto escuro e segurando uma foice afiada.

A imagem do Ceifador como a personificação da morte remonta a séculos atrás e tem suas origens em várias tradições culturais e religiosas. Em muitas culturas, a figura do Ceifador está associada ao conceito da colheita final, onde a vida é "colhida" como se fosse uma plantação madura. A foice que ele carrega simboliza esse ato de colher as almas dos mortos.

Em diferentes mitologias e crenças, o Ceifador é retratado de formas variadas. Por exemplo, na tradição grega, há o personagem chamado Tânatos, que personifica a morte. Na mitologia nórdica, o Ceifador é representado pelo deus Odin, que é responsável por guiar as almas dos guerreiros mortos para o pós-vida. No folclore europeu, a figura do Ceifador muitas vezes é descrita como um esqueleto vestindo um manto preto e carregando uma foice.

O Ceifador é frequentemente associado a sentimentos de medo e inevitabilidade, pois sua presença representa o fim da vida e a transição para o desconhecido. No entanto, também pode ser interpretado como um símbolo de aceitação e transcendência, pois representa a inevitabilidade da morte como parte natural do ciclo da vida.

É importante ressaltar que o Ceifador e a morte são conceitos simbólicos e metafóricos. Eles não representam necessariamente uma entidade real ou sobrenatural. Em vez disso, eles são representações figurativas utilizadas para expressar e compreender a finitude e o mistério da vida humana.

Ceifador

"Rogai, pois, ao Senhor da seara, que mande ceifeiros para a sua seara" – Mateus 9.38

Por Odair Oliveira de Sá

Introdução

A nossa mente tem um poder extraordinário! A Ciência, com tecnologias cada vez mais avançadas e o conhecimento acumulado, têm nos revelado continuamente novas evidências de que sabemos bem pouco sobre questões de tempo, espaço e a interação entre eles, sobre a física quântica e os seus efeitos estranhos no microcosmos.

A história que vos apresentarei em seguida, tem muito a ver com fé, com Ciência e com seus paralelos em um momento extremamente conturbado da história brasileira recente.

Domingo, 22 horas

"Cedo ou tarde, essa mistura inflamável de ignorância e poder, vai explodir na nossa cara" – Carl Sagan

Todos os presos já estavam recolhidos em suas celas. Ouvia-se murmúrios, alguns palavrões de algum dos presos reclamando de alguma coisa, mas a regra da prisão era sempre obedecida por todos, de fazer silêncio para permitir uma certa paz aparente. Da sala de monitoramento de segurança interna, dois guardas penitenciários observavam algumas das câmeras mostrando corredores e as portas das celas fechadas. Visivelmente, o tédio já tomava conta dos guardas acostumados com a rotina dos horários e da função de monitorar toda a prisão superlotada como a grande maioria das prisões brasileiras. Todos sabiam que aquela, como todas as demais penitenciárias do Brasil era um verdadeiro barril de pólvora com facções constantemente disputando o poder dentro e fora delas.

Tudo transcorria absolutamente normal na sala de monitoramento, de forma que os guardas conversavam assuntos banais de futebol. Nem viram pela câmera uma figura de um homem, que apareceu de relance em dois dos vários monitores instalados, que emitia um certo brilho captado pelas câmeras e logo em seguida, todas perderam os sinais e simplesmente apagaram não mostrando mais nada.

Imediatamente, os guardas da sala de monitoramento estranharam uma ocorrência nada comum nos tempos atuais e usaram o sistema de comunicação para falar com os guardas que faziam ronda sobre o problema das câmeras.

Roberval era o responsável pelas rondas e foi alertado pelo monitoramento que as câmeras estavam falhando. Calmamente, ele se levantou da cadeira já reclamando das porcarias, que segundo ele, foram instaladas com recursos do fundo nacional de segurança.

- Vamos ver o que está pegando nessa merda. Disse com mau humor de sempre quando ocorria qualquer coisa que atrapalhasse seu turno de trabalho.

Praticamente ao mesmo tempo as câmeras voltaram a funcionar, mostrando todas praticamente sem alteração de normalidade como antes da estranha pane.

Roberval recebeu pelo rádio a informação da volta à normalidade, mas mesmo assim, ele e sua equipe saíram da sua sala para uma verificação com o intuito de checar a normalidade das celas.

Da sala de monitoramento, os guardas não viam nenhum movimento nas celas.

Roberval e sua equipe se dirigiram ao corredor central que dava acesso às celas que estavam trancadas e estranharam não ouvir absolutamente nada.

Ao aproximarem-se e olhar para dentro das celas, quase não acreditaram no que viram: não havia ninguém nas celas que antes estavam amontoadas de presos.

Após um breve período para reorganizar os pensamentos após o susto e a estupefação, pelo rádio, comunicaram o fato para a equipe de monitoramento que imediatamente iniciaram o protocolo para fuga em massa.

Penitenciária

"Não penseis que vim trazer a paz à terra; não vim trazer paz, mas espada" - Mateus 10:34

Assim que o monitoramento acionou o alarme de fuga, todas as unidades de Polícia Militar foram alertadas sobre a fuga em massa, e o protocolo orientava sobre a necessidade de contenção nos arredores da penitenciária em um raio de 360 graus, que começava com 100 metros e na medida em que fosse necessário, pode ser ampliada para localizar e reconduzir os presos para a unidade prisional.

Concomitantemente, o diretor Jonas que jantava com a família em um conhecido restaurante recebeu mensagem da fuga no grupo de *whatsapp* da penitenciária. Ao ler a mensagem recebida ele exclamou para a esposa:

- Caralho.... deu merda! Vou ter que voltar para o complexo.

Pouco mais de uma hora depois, o Diretor chega ao complexo penitenciário e encontra o encarregado do turno com uma expressão no rosto difícil de definir, uma mistura de   incredulidade, espanto e sem saber do que havia acontecido:

- Porra Senhor Diretor, já fizemos uma completa vistoria em todas as celas, não há sinal algum de nenhum detento. Os caras sumiram simplesmente.

- Tá de sacanagem?? Que porra é essa? Como "sumiram"?

- Sumiram Doutor! Não sei como, mas sumiram!

- Quero ver as câmeras de vídeo antes de avisar o Governador.

O Diretor Jonas estava concentrado nos problemas de sua unidade, e sequer parou para checar as inúmeras mensagens dos   grupos de *whatsapp* onde recebia mensagens de outros colegas diretores, que, assim como ele forma   indicados e tiveram seus nomes aprovados pelo Governador do Estado de São Paulo. O aparelho vibrava sem parar ao receber mensagens de outros diretores de outras unidades prisionais.

O Governador do Estado que assumiu em janeiro de 2023, com pouco mais de um mês de assunção ao cargo estava atônico. Nem a sua experiência militar no Haiti o ajudava a entender o cenário completo do que estava acontecendo.

Simplesmente não havia nenhum precedente histórico. Em todas as unidades prisionais do Estado, os detentos de alguma forma desconhecida desapareceram, sem deixar vestígio algum, sem sangue, sem registros externos, sem túneis ou arrombamentos.

Um aparelho de TV na sala do Diretor da principal unidade prisional do Estado mostrou então a notícia: No Maranhão, o diretor do Sistema Penitenciário Estadual fez um anúncio para a afiliada da Rede Globo local afirmando que todos os presos das cadeias haviam desaparecido sem qualquer indicação da forma ou motivo e todo o efetivo disponível da polícia militar e da polícia civil estava sendo convocado para uma varredura completa nas cadeias do Estados e nos arredores das mesmas.

Dessa forma, o evento sem precedente histórico estava sendo considerado uma catástrofe nacional. O Estado seria obrigado a indenizar todas as famílias dos milhões de condenados do sistema prisional brasileiro, tendo em vista que o Estado deveria garantir a integridade física de todos.

Por outro lado, com a repercussão nos meios de comunicação, familiares se aglomeravam nos portões das unidades prisionais buscando notícias dos presos, muitas chorando copiosamente em desespero absoluto principalmente quando em frente das câmeras de televisão já que todas as emissoras e agências de notícias passaram a dar cobertura total ao estranho fato.

Repercussões

"Eis que o semeador saiu a semear"- Mateus 13:13

O fato do desaparecimento de todos os presos se tornou assunto mundial. Todas as hipóteses para o súbito acontecimento foram ventiladas, inclusive do "arrebatamento" feito por origem divina.

Os três poderes se reuniam praticamente todos os dias para tentar entender, de maneira racional, o que havia acontecido.

Ao mesmo tempo, organismos internacionais de direitos humanos reagiram, promovendo grande repercussão mundial, com ameaças de corte de linhas de financiamento de projetos e contribuições, inclusive para preservação da floresta amazônica.

No Brasil, inúmeras manifestações violentas próximas das unidades prisionais começaram a acontecer. Eram pessoas querendo invadir para localizar filhos, maridos, e parentes que estavam presos.

Fora das cadeias, os membros das facções começaram novamente a luta pelos territórios antes controlados pelos líderes que estavam presos, o Governo Federal, com pouco mais de dois meses no Poder, foi obrigado a decretar a denominada GLO – Garantia da Lei e da Ordem pelas Forças Armadas que foram chamadas para conter os graves distúrbios pois as polícias estaduais não conseguiam mais controlar a situação.

A palavra "genocídio" ganhou muita força dentro e fora do Brasil, sem ninguém, na verdade, achar sequer um vestígio de sangue de todos os milhões de presos que estavam ocupando espaço no sistema prisional brasileiro.

As polícias de todos os Estados Brasileiros passaram a conviver com a resistência à prisão pois os criminosos entenderam que se fossem detidos e conduzidos para alguma cadeia teriam o mesmo fim dos desaparecidos. Com isso, explodiram os casos de mortes violentas em confronto armado com as polícias.

O governo, então, passou a "maquiar" as estatísticas de crimes violentos, reduzindo em muito o número de casos para patamares próximos do governo anterior que realmente teve sensível diminuição dos casos de homicídio pelas políticas adotadas e pelo restabelecimento do direito de todo cidadão possuir arma para defesa própria e da família.

No Superior Tribunal Federal

*"Sempre que os espíritos imundos o viam, prostavam-se
diante dele e gritavam: 'Tú és o Filho de Deus!' ".*

Os membros do Superior Tribunal Federal (STF) estavam todos reunidos em um auditório do Congresso Nacional, pois o Palácio antes ocupado, havia sido destruído pelas manifestações contra o governo no dia 8 de janeiro passado.

Discutiam o fato do desaparecimento inexplicável de todos os detentos e presos temporários do Sistema Penitenciário e as repercussões nacionais e internacionais do ocorrido.

Câmeras dispostas em locais adequados registravam, como de praxe, a sessão para os registros do STF.

Fora da sala, assistentes muito bem remunerados, conversavam sobre diversos assuntos. Dois garçons se aproximaram da principal entrada da sala e traziam, água, café, biscoitos para reabastecer copos e xícaras de primeira qualidade usados pelos ministros.

Um dos garçons tocou na maçaneta da grande porta principal, e imediatamente, retirou a mão com um susto por um forte choque elétrico em sua mão, ao mesmo tempo em que lá dentro, os ministros viram apagar as luzes e uma tênue figura brilhante na forma de um homem apareceu diante dos magistrados.

Um dos Ministros que ficou mais conhecido por ter chamado de "mané" um cidadão brasileiro que protestava em Nova York logo após as eleições do ano anterior, questionou:

- Que brincadeira é essa?

Não houve mais tempo para ninguém sequer responder – quase imediatamente as luzes voltaram a acender e todos os ministros não estavam mais presentes naquele recinto. Os assistentes dentro da sala olharam-se sem entender absolutamente nada.

No lado externo do recinto, outro garçom girou a maçaneta e encontrou quase vinte assistentes pálidos ao abrir a porta.

Praticamente no mesmo instante, outra reunião ocorria em uma sala segura no subsolo do Palácio do Planalto, sede do Governo Federal. O Presidente e quase todos os ministros estavam também e reunião para discutir os acontecimentos incríveis de duas semanas.

O Governo que já estava paralisado pela intervenção federal no Distrito Federal agora enfrentava uma situação sem precedentes na história mundial, e ninguém sabia exatamente o que fazer.

O Ministro da Justiça, em razão de sua obesidade, suava muito embora o sistema de ar condicionado estivesse funcionando muito bem para manter a temperatura em nível de conforto para todos. Enquanto o Presidente ouvia os mais completos absurdos sobre a interpretação dos fatos pelo Ministro da Casa Civil, o Ministro da Justiça expressava uma pequena satisfação sobre o assunto. No fundo, ele achava que o desaparecimento de todos os presos de todas as unidades prisionais eram um fato positivo. O País não precisaria mais gastar tanto para manter inúteis sem produtividade alguma dentro das prisões, mas o que mais ocupava realmente a sua mente era imaginar momentos de prazer chupando o pênis do grande negro que fazia parte da segurança pessoal dele.

A única ministra ausente da reunião era a Ministra da Cultura, que estava naquele momento transando com a secretária pessoal e um professor da UnB, que almejava um cargo comissionado na pasta dela.

A reunião estava tediosa e repleta de ideias inócuas para resolver qualquer situação que se apresentava, tendo em vista que o problema de controlar os distúrbios já havia sido terceirizado para as Forças Armadas, restava então aos presentes, fingir alguma preocupação com questões humanitárias.

Em um momento que alguns bocejavam, com aqueles verdadeiros discursos intermináveis, repentinamente, as luzes da sala se apagaram mas foi possível para o presentes, por um breve instante, ainda ver uma figura humana que emanava um tênue brilho, e assim como aconteceu de apagar, as luzes voltaram a acender, deixando atônitos todos os assistentes que permaneceram na sala, pois todos os ministros e inclusive o presidente desapareceram praticamente instantaneamente e ao mesmo tempo.

O vácuo no Poder

"Pois que aproveita o homem ganhar o mundo inteiro, se perder a sua alma? Ou que dará o homem em recompensa da sua alma?" - Mateus 16:26

As notícias viajaram na velocidade da luz pelas redes sociais.

Como a cúpula do poder judiciário e do poder executivo simplesmente desapareceram, que acabou sendo motivo inclusive de muitas festas do povo nas ruas de todas as grandes cidades, simplesmente comemorando que já não existia mais o STF e o governo eleito com sérias suspeitas de fraude nas eleições, apesar de toda massiva campanha para enganar a população.

Fotos dos ministros do executivo, dos ministros do STF e do presidente em reunião com o "demônio" circularam em todas as mídias, numa forma bem peculiar dos brasileiros que fazem brincadeiras após tragédias que se abatem sobre pessoas famosas ou políticos.

As teorias e especulações sobre mais este extraordinário evento acirraram o surgimento de teorias conspiratórias. Os evangélicos acreditavam que se tratava de "arrebatamento", embora não entendessem porque criminosos foram arrebatados e não os "bons" e puros de coração que oravam e jejuavam, na concepção deles e portanto, deveriam ser eles os "arrebatados".

Os apaixonados pelas teorias da Conspiração atribuíram para extraterrestres a culpa dos eventos classificando com abdução, por algum motivo ainda inexplicado, fazendo com que em pouco tempo, livrarias tivessem sido inundadas de lançamentos de livros explicando o processo de alteração súbita da matéria que se desmaterializou e voltou a se materializar em alguma nave que a "NASA já sabe" mas esconde a "verdade" de todos.

O segundo escalão do governo que sobrou e que assumiu as funções antes políticas, ficou mais perdido ainda, praticamente instaurando o caos em todos os sistemas do governo federal, afetando principalmente o Sistema Único de Saúde (SUS) outrora elogiado como forma de garantir assistência médica para a população mais pobre. Os demais serviços praticamente entraram em colapso por falta de administração em pouco tempo principalmente porque os servidores passaram a usar tudo em benefício próprio, roubando e encaminhando para eles mesmos e seus parentes mais próximos.

As ideias de apocalipse e do fim do mundo tomaram conta da maioria das pessoas de certas religiões, e era cada vez mais comum encontrar nas ruas pessoas portando cartazes anunciando o apocalipse, incluindo com cada vez maior frequência os metrôs e trens por todo o Brasil.

As Forças Armadas passaram a controlar tudo praticamente, evitando o caos completo, instituindo regras cada vez mais rígidas, prisão de saqueadores e de servidores flagrados furtando do Estado, todo tipo de material, e assim passaram a controlar as polícias estaduais e as guardas municipais, por vezes gerando conflitos entre as forças.

Devido à forma como ocorreram os desaparecimentos, o congresso nacional ficou receoso em se reunir para deliberar qualquer assunto. O Presidente do Congresso, que assumiu o Poder, resolveu fazer uma convocação geral aos senadores e deputados que estavam com medo de comparecer às sessões.

Com um longo discurso transmitido em rede nacional, o novo Presidente brasileiro que já era o presidente do Congresso, pediu calma à população, em rede nacional de rádio e televisão, por mais de uma vez, explicando que tudo estava sendo feito para descobrir o que havia acontecido bem como o paradeiro de todos. Cientistas, professores e religiosos foram convidados para uma comissão de avaliação e estudo, que claramente, não apresentou resultado concreto e assertivo sobre nada.

Para conseguir fazer valer as decisões do presidente do Congresso alçado à condição de Presidente da República, as três forças singulares colocaram praticamente todo o efetivo militar para atuarem nas ruas para evitar saques, destruições e mais mortes, o que resultou em mais um problema para as próprias forças armadas, porque com grande parte do efetivo sendo formado por oficiais e sargentos temporários que atuavam em funções técnicas, aumentou o estresse e tensão dentro de uma força não acostumada com participação em conflitos armados, com muita ocorrência de deserção e de suicídios, além de potencializarem os vários casos de alcoolismo que já existiam.

No âmbito do governo federal, os cargos nomeados por ministros que já não existiam ficaram vazios e sem razão de serem mantidos pois faltavam orientações políticas, então militares da reserva que foram convocados começaram a assumir tais cargos para reorganizar a máquina administrativa.

A ausência da cúpula do Poder Nacional alertou mais todos os demais países que convocaram reunião na OEA e ONU para tratar do assunto. Já se discutia se os acontecimentos em um país continental como o Brasil poderiam se alastrar pelos demais países como uma pandemia, como ocorrera com a COVID.

O Congresso Nacional

Convocados em rede nacional, os deputados e senadores se apresentaram em entrevistas para todos os canais de televisão. Quase todos fingindo real preocupação com a situação do País, mas realmente receosos de terem o mesmo destino de todos que haviam desaparecido em reunião.

Finalmente após terem inúmeras garantias de segurança, com o congresso cercado e protegido pelas Forças Armadas, resolveram marcar sessão ordinária para trabalhar em uma terça-feira, três semanas após o desaparecimento dos poderes executivo e judiciário.

As emissoras de televisão mostravam congressistas visivelmente temerosos mesmo tentando disfarçar ao máximo, procurando fazer verdadeiros discursos de que era momento de mostrar patriotismo e de sacrifícios. Todas as emissões estavam atentas a cada expressão e palavra dos congressistas, agora únicos representantes eleitos para garantir governabilidade do país após as traumáticas perdas.

Na que era considerada como sessão histórica do congresso, todas as atenções do país estavam voltadas para as decisões que sairiam do congresso para tentar voltar para um mínimo de normalidade, abalada mais uma vez com a confirmação do desaparecimento da ministra da Cultura, que segundo a assessoria da mesma, estava trabalhando com importantes setores da cultura para promoção e valorização do negro nas principais instituições acadêmicas brasileiras.

Com o plenário cercado por militares, todas as câmeras de televisão direcionadas para a mesa do presidente, finalmente senadores e deputados, alguns sentados e muitos de pé juntos assistiam o comovente discurso do presidente do congresso exaltando as qualidades dos congressistas e as nobres funções que deveriam assumir.

Quase ao final do discurso, com muitos parlamentares emocionados, com as palavras do presidente aludindo para a súbita perda, de lideranças políticas da melhor estirpe (segundo ele), todas as luzes do congresso se apagaram, inclusive as iluminações adicionais dos cinegrafistas que cobriam jornalisticamente a sessão conjunta do congresso nacional. As armas que os militares seguravam transmitiram um pequeno choque nas mãos, e antes de desligar completamente, as câmeras das televisões ainda registraram a emanação de uma figura humana que brilhava no escuro de uma maneira estranha.

Logo em seguida, ouviu-se alguns gritos dos seis congressistas que restaram no plenário: dois homens e três mulheres, todos deputados e um senador, além de murmúrios de todos os presentes que ficaram no salão, incluindo os militares.

A televisão havia acabado de registrar o desaparecimento de 80 senadores e de 508 deputados transmitido em tempo real para todo o país. O único senador que ficou estático após o susto foi o astronauta brasileiro que havia sido recentemente eleito pelo Estado de São Paulo.

O fato, agora transmitido para todos o Brasil e alguns países, mostrou que bastava segundos para o desaparecimento praticamente instantâneo de centenas de pessoas.

Ao contrário do que seria esperado, de uma verdadeira comoção nacional, nesse caso, acabou desencadeando mais comemorações no Brasil inteiro, pois, segundo a interpretação da maioria, o Brasil havia se livrado de velhas ratazanas envolvidas em escândalos de corrupção e sempre impunes pelas leis que eles mesmos aprovaram em benefício próprio.

Com o fenômeno agora visto por milhões de pessoas, mais correntes de orações surgiram por todo o país e pelo mundo afora, chegando até mesmo a interromper por alguns instantes a guerra no leste europeu entre Rússia e Ucrânia, tal como aconteceu no passado em uma partida de futebol com a presença de Pelé.

A primeira aparição

Profetas, médiuns, pais de santos e religiosos de os matizes ganharam espaço de tempo em todas as emissoras de televisão que apresentavam até supostas revelações do "outro lado".

Quatro dias após o desaparecimento no congresso nacional, outro fato extraordinário aconteceu praticamente inviabilizando algumas emissoras de televisão: toda a cúpula das emissoras e as equipes de jornalismo desapareceram, deixando Globo, CNN, Bandeirantes e a TV Cultura praticamente sem ter como noticiar nada pois diretores e os apresentadores mais renomados deixaram este mundo sem deixar qualquer vestígio nas situações mais corriqueiras, como simplesmente passear por algum shopping, cada vez mais lotado em razão dos problemas nas ruas.

O medo que já grassava pela maior parte das redes sociais, com manifestações explícitas de pedidos de perdão até pelos pensamentos que tiveram, tomou conta de boa parte da população brasileira. A igrejas, de todos os credos e cores, estavam lotadas de pessoas sendo que boa parte nem sequer queriam sair delas, praticamente acampando nas proximidades e dentro se o padre ou o pastor deixasse.

As emissoras de televisão estavam funcionando precariamente, com reprises sendo inseridas nas grades de programação, e tentavam a todo custo manter as transmissões de notícias locais e programação voltada para as questões sociais mais prementes.

Foi em um domingo que aconteceu: televisores, rádios e celulares passaram a irradiar um estranho sinal mostrando uma pomba branca, o que para todos significou um bom presságio, afinal é o símbolo do chamado "espírito santo" além de prenunciar a paz.

Por mais que técnicos das emissoras de rádio e televisão tentassem, não conseguiam mudar o que era transmitido, ninguém conseguia entender a origem, e como mudar a sintonia dos sinais.

Às dezoito horas em ponto, horário de Brasília, todos os aparelhos conectados à internet, todos os canais de televisão abertos e os pagos, além de todas as emissoras de rádio AM e FM colocaram no ar a transmissão que impactou não somente a população brasileira mas todo o mundo, pois foi captado a mesma coisa no em praticamente todos os países – um homem, com perfeitas feições, caucasiano, de cabelos castanhos curtos perfeitamente penteado com aparência de jovialidade e confiança apareceu:

- "Que a paz esteja com cada um de vocês que me assiste a partir desse momento!" – Disse com um sorriso que muita gente considerou encantador com palavras perfeitamente pronunciadas em português e excelente dicção.

- "Em primeiro lugar, quero apaziguar vossos corações e convido-vos para junto comigo, fazermos uma pequena prece. Para isso, apenas fechem os olhos, e repitam comigo, não sendo necessário que vocês se curvem ou fiquem de joelhos".

Com essa pequena instrução, imediatamente o silêncio passou a ser sentido por todos em todos os lugares. Aquela voz, suave mas firme, clara e confortante, pareceu mudar as vibrações de medo e terror em todos.

- "Pai celestial, rogamos vossa presença em nossas mentes e nossos corações, para que nos inspire a sermos melhores e que possamos compreender o que Tú és e o nosso papel dentro do processo evolutivo de toda Vida do Universo. Assim seja!".

Nesse instante o silêncio foi quebrado em por todos que ouviram a prece repetindo, quase em uníssono:

- "Assim seja!"

- "Meus irmãos e irmãs" – Continuou o homem – "Serei breve e direto com instruções para que todos compreendam que a vida de cada um de vocês brasileiros está conectada com a Vida Cósmica".

E continuou: - "Sois parte de um todo e cada um é importante pois tem a sua própria origem em algo muito maior que vocês podem chamar do que desejarem nesse momento".

Após um breve momento, propositadamente por sinal, prosseguiu:

- "Antes de explicar o meu real papel é preciso fazer voltar a normalidade para que vossas vidas possam prosseguir sem maiores percalços, então estou ordenando que por própria vontade dos todos os atuais generais de quatro estrelas das três forças armadas brasileiras peçam para deixar o serviço ativo".

Nesse momento, apenas os militares compreenderam a ordem, os civis sem experiência ou conhecimento militar, ficaram um tanto confusos.

"Para Todos os militares das três forças, não aceitem mais qualquer comando dos militares do alto comando. Devem deixar espontaneamente o serviço ativo e passar a gozar da reserva tão almejada pela maioria de vocês".

- "Se não tiveram a coragem e a honra no momento crucial da Nação, não merecem mais envergar seus uniformes, portanto, devem deixar espontaneamente o serviço ativo e permaneçam na reserva pelo tempo de vossas vidas. Para os demais militares, a vida continua, bem como, vossas instituições".

- "Caso esta ordem não seja obedecida a partir desse momento, vossas vidas de nada valerão e assim, terão o mesmo fim das almas podres e irrecuperáveis que foram retiradas deste mundo. Tendes, pois, a oportunidade de escolherem".

Após uma breve pausa, continuou dizendo:

- "Espero, portanto, que façam bom uso de vosso livre-arbítrio sabendo que arcarão para sempre com a vergonha pelo que deixaram acontecer com vosso povo que clamou pela vossa ajuda ou que simplesmente deixarão de existir nesse e em qualquer lugar do Universo".

- "Que o novo governo militar, chame de volta os ministros do governo anterior para que a transição possa ocorrer de maneira mais ordeira".

- "Meus irmãos e irmãs, estas são as primeiras instruções!"

- "Acalmem vossas almas e apenas tratem uns ao outros como irmãos e irmãs, pois a paz voltou para reinar nesse país".

- "Agora convido-vos para mais uma prece de encerramento por hoje. Fechem vossos olhos e repitam comigo: Mestres Cósmicos, aproximem-se de mim, para que eu seja inspirado para o bem do próximo e para a compreensão do meu papel na Vida de todos e de tudo! – Assim seja".

Novamente, após um silêncio total, todos repetiram em voz alta e outros por pensamento:

- "Assim Seja".

Praticamente imediatamente, tudo voltou ao normal, com todos os meios de comunicação voltando ao que estava sendo transmitido.

A sensação para todos que assistiram e ouviram aquelas palavras e aquele homem fantástico, foi que todo o cenário e a realidade que antes parecia caótica, deixou de existir.

Em algumas casas e unidades militares, porém, a dor e a vergonha pelo que havia sido exposto tão contundentemente nas palavras daquele homem extraordinário fizeram com que alguns homens, silenciosamente, militares oficiais-generais de quatro estrelas, sob o olhar de seus familiares e em alguns casos de subordinados quando ainda estava de serviço, levantaram-se de onde sentavam, e calmamente deixaram o local que estavam.

No dia seguinte, a maior parte dos oficiais generais apresentaram o pedido para ir para reserva, porém, cinco generais do exército cometeram suicídio, com tiro na cabeça, além de dois da Aeronáutica e um da Marinha, que deixaram cartas pedindo desculpas à família, a tropa e ao país, afirmando, na maior parte das cartas, que não poderiam viver com a vergonha e a desonra.

Foi uma semana calma!

Por incrível que pareça, as pessoas na sua maior parte, adotaram a ideia de que Jesus Cristo havia voltado, finalmente, para cumprir as promessas escritas na Bíblia. As Forças Armadas se reorganizaram sem os generais de quatro estrelas, dando oportunidades para oficiais de menores patentes assumirem cargos privativos de oficiais de último posto, interinamente.

A calma voltou para as ruas e as igrejas se mantiveram lotadas de pessoas agradecendo tudo que havia acontecido e pedindo perdão pelas coisas que haviam feito.

Os familiares de presos também deixaram de reivindicar "justiça" nas portas das cadeias, o que no fundo significa receber indenização em dinheiro do Estado. Parece que perceberam que o problema merecia outra abordagem.

Outro fator que chamou a atenção das forças de segurança foi que a matança generalizada entre as facções criminosas que disputavam o poder em razão do vácuo deixado pelo desaparecimento das lideranças que estavam presas, perdeu força. Mas isso foi simplesmente pelo fato de que os líderes também começaram a desaparecer misteriosamente sem deixar vestígios algum, fazendo com que muitos criminosos conhecidos começassem a aparecer nos arredores das mesmas igrejas frequentadas por grande parte da população para chorar e pedir perdão pelos pecados cometidos

As próprias emissoras de televisão começaram a se adaptar ao novo "normal", como ficou conhecido na época da pandemia de COVID. Pessoal mais jovem começou a ocupar as posições antes ocupadas pelos rostos conhecidos da mídia nacional.

A segunda aparição

"Os mestres sábios, aqueles que ensinaram muitas pessoas a fazer o que é certo, brilharão como as estrelas do céu, com um brilho que nunca se apagará" – Daniel 12:3

No domingo seguinte, no mesmo horário das dezoito horas, novamente a mesma figura de uma pomba branca voltou a aparecer em todos os aparelhos eletrônicos. Não importava onde procurassem sintonizar, a imagem era a mesma.

Todas as pessoas abandonaram seus afazeres e imediatamente se concentraram na frente de tevês, computadores e celulares.

- "Que a paz esteja convosco!", disse o mesmo homem que surgiu repentinamente em todas as formas de comunicação.

- "Meus irmãos e irmãs, trago-vos palavras de alento e de instrução!".

Estranhamente, a sensação de paz invadiu todos que ouviam e viam, fazendo com que naturalmente todos procurassem parar tudo que estava sendo feito para escutar as palavras daquele homem extraordinário.

- "Oremos, fechando os olhos!" – breve pausa – "Que possamos entrar em comunhão com as hostes cósmicas e com nossos irmãos mais sábios para que sejamos inspirados para trabalhar constante e firmemente para nossa própria evolução e dessa forma, possamos ser a Luz para os irmãos mais novos! Que assim seja!" – terminando a oração.

Então, todos repetiram:

- "Assim seja!"

O homem prosseguiu dizendo calma e pausadamente palavras de explicações sobre o que estava acontecendo...

- "Vosso país sempre foi considerado a Pátria da Fé e sempre foi aberto para todos, entretanto, havia sido tomado por forças obscuras que já haviam sido banidas de outros mundos em outros tempos, o que motivou essa intervenção mundial que começa pelo vosso país".

Com mais uma pausa de segundos, as palavras reconfortantes continuaram:

- "Saibam de uma vez por todas e com todas as letras que a humanidade presente neste planeta não é a única forma de vida existente neste Universo. Existem formas menos evoluídas, formas quase no mesmo estágio de evolução e outras formas de vida muito mais evoluídas, que conhecem a conexão entre todos os seres vivos de todos os mundos e assim, sabem da necessidade de contribuir e trabalhar em prol da evolução das demais formas."

Sorrisos e expressões de alegria misturado com lágrimas podiam ser vistos em milhões de rostos, que repetiam quase sem parar: "Deus seja louvado, obrigado meu Deus!".

- "Normalmente deixamos que cada civilização evolua naturalmente, sem qualquer interferência. Neste planeta mesmo, já existiram formas de vida que não evoluíram e acabaram por deixar de existir. Isso é um processo natural e perfeitamente aceitável. As formas de vida de cada planeta sincronizam seus relógios biológicos com o planeta que as abriga, assim a vida que reside neste planeta está plenamente adaptada a este planeta. Da mesma forma ocorre em muitos outros planetas do Universo".

Essa era uma verdade científica já comprovada.

- "Entretanto, como eu disse no começo, formas de vida perniciosas, com a alma podre e sem qualquer chance de recuperação, tomaram de assalto vosso país e estavam conduzindo não somente o país, mas toda a humanidade para a escuridão total e a consequente destruição, o que nos obrigou a intervir para evitar mal maior, pois nesse mesmo momento, mais almas evoluídas estão nascendo para prosseguir sua evolução neste planeta".

Após essas palavras, a função do governo colocado por meio de fraude no Poder, com a atuação direta do STF ficou claramente exposta e evidente para todos que viviam no território brasileiro e fora dele.

- Muitas crianças que estão nascendo aqui, estão com dificuldade de adaptação pois já nascem com a lembrança e a consciência do que viveram aqui mesmo e também em outros mundos. São crianças na aparência, porém com almas muito vividas e experientes que estão nascendo aqui por escolha própria, para contribuir com a evolução da humanidade através de seu trabalho, de suas "descobertas" e de seus ensinamentos em todos os campos do conhecimento humano, mas que encontram dificuldades normais para quem se sentem incapazes de levar o conhecimento para uma civilização que não é capaz de compreender a dinâmica de outros mundos mais evoluídos, com muito à aprender".

Estas últimas palavras iluminaram as mentes de muitas mães e pais que convivem com filhos com dificuldades de adaptação ao mundo real.

- "Pensem e reflitam sobre tudo que vos esclareci hoje!".

Veio em seguida, uma advertência séria...

- "Por outro lado, quero avisá-los que não atuamos sobre questões de livre-arbítrio, porém é muito importante que saibam que o suicídio é o maior pecado que pode ser cometido. Quem comete tal crime contra si mesmo, atrasa a própria evolução não em anos, mas em milhões de anos. E evolução significa caminhar a liberdade e a paz profunda, em outras palavras, é a comunhão com o todo, o que lhes dá a capacidade de criar mundos e universos. Assim meus caros, irmãos: Usem com sabedoria o livre-arbítrio".

Com mais uma última pausa, venho em seguida mais uma ordem direta para os militares que estavam no comando da Nação:

- "Para finalizar a explicação de hoje, ordeno que a comissão de militares formada para governar esse país, procure organizar as próximas eleições e que estas eleições sejam justas, honestas e sem nenhuma fraude, possibilitando a participação do ex-presidente que acabou de deixar o cargo, de forma que o mesmo possa disputar, se assim desejar, eleições limpas". E finalizou dizendo: - "A escolha democrática é boa nesse vosso estágio de evolução, e vocês aprenderão com o tempo, outras formas mais eficientes e benéficas de escolha de governantes".

Finalmente, e para desgosto de muitos que gostariam de ficar horas ouvindo e assistindo aquele homem incrível, começou a oração de encerramento.

- "Peço que fechem os olhos por alguns instantes e repitam comigo essa prece que vos ensinarei: Invocamos a presença do Mestre, para que nos inspire para o serviço do bem e para a busca do conhecimento a fim de que possamos também ser instrumentos de vossa Paz. Que assim seja!".

- "Assim seja!" – repetiram todos.

Tudo voltou ao normal!

Essa segunda aparição praticamente parou o mundo. E mudou tudo!

O maior pecado

O suicídio estava se tornando uma questão social que muitos países estavam enfrentando, principalmente de jovens e de profissionais como a dos policiais. O fenômeno era estudado por vários centros de pesquisa e instituições acadêmicas e estava ganhando proporções assustadoras, mesmo com a política da maioria dos países de não divulgar nos meios de comunicação para não estimular mais ainda os casos.

Medicamentos estavam sendo testados para reduzir os efeitos de depressão cada vez mais comuns em jovens, de todas as classes sociais, independente do grau de instrução.

Na China, a quantidade de suicídios de pessoas obrigadas a ficarem em verdadeiros campos de concentração sempre que apresentavam sintomas, mesmo de gripe, estava motivando ações extremadas de pessoas que não queriam ser obrigadas a ficar isoladas de tudo e de todos, pois o governo, diante da superpopulação e dos hábitos de pouca higiene, ordenava a segregação imediata de qualquer um que estivesse apresentando sintomas de qualquer tipo de doença transmissível.

No Brasil, o suicídio de policiais e de jovens havia ganhado proporções assustadoras, motivando as instituições policiais a desenvolverem programas específicos para a prevenção do suicídio, porém com poucos efeitos práticos na redução dos números das estatísticas.

No âmbito do governo federal, já havia um mês inteiro de campanhas de prevenção de tão extremada ação.

Por outro lado, é relevante mencionar a visão Espírita sobre o suicídio, nas palavras do conhecido médium Chico Xavier (1910-2002) em forma de perguntas e respostas:

"Os suicidas que Chico reconheceu encarnados:

Pergunta – Na sua vida mediúnica, Chico Xavier, conheceu amigos suicidas reencarnados?

Resposta – Alguns. Tendo começado a tarefa mediúnica em 1927, há quase 41 anos, tive tempo suficiente para observar alguns casos e posso dizer que todos aqueles que vi reencarnados, depois do atentado contra eles mesmos, traziam consigo os sinais, os reflexos da leviandade que haviam perpetrado.

Contudo, devemos respeitar os suicidas como criaturas extremamente sofredoras que, muitas vezes, perderam o controle das próprias emoções, raiando para o desrespeito a si próprios.

Os resultados do suicídio acabam sempre impressos naqueles que o perpetram; desse modo, a dois companheiros que se suicidaram com bala no ouvido – e que revi, no espaço, depois de 10 anos – vi-os reencarnados na condição de crianças retardadas num estado de extrema idiotia.

Outro companheiro que se suicidou, com o veneno, renasceu como uma criança que trazia já o câncer na garganta, tendo desencarnado pouco tempo depois.

Os espíritos me explicaram que muitas vezes, o suicida, em se reencarnando como que destrói os tecidos do novo corpo; a desencarnação, ou a morte propriamente considerada, ocorre logo depois do nascimento ou algum tempo depois. Ai; então, o espírito estará em condições de aprender quanto vale a vida; deseja viver, mas não consegue, conseguindo, enfim, depois de grande esforço".

O médium Chico Xavier já ensinava algo que as pessoas simplesmente esqueceram ou não atentaram para a importância das palavras independente até mesmo, das convicções religiosas. Porém, como sabemos, as religiões em sua grande maioria, não são para libertar as pessoas, muito pelo contrário.

Alan Kardec afirma[1] , na introdução de "O Livro dos Espíritos", que a força do

---

[1] Ver em https://www.geedem.org.br/estudos

Espiritismo não está nos fenômenos, como geralmente se pensa, mas na sua "filosofia", o que vale dizer na sua mundividência, na sua concepção de realidade.

Segundo Manuel Gonzales Soriano, o Espiritismo é "a síntese essencial dos conhecimentos humanos aplicada à investigação da verdade". É o pensamento debruçado sobre si mesmo para reajustar-se à realidade. Trata-se, pois, não de fazer sessões, provocar fenômenos, procurar médiuns, mas de debruçar o pensamento sobre si mesmo, examinar a concepção espírita do mundo e reajustar a ela a conduta através da moral espírita.

Em Kardec, esse conceito é apresentado dentro de um quadro argumentativo construído para negar uma outra noção, atribuída pelo professor lionês às religiões dogmáticas: a "fé cega". Nesse sentido, a fé raciocinada seria algo próximo de "fé fundamentada", isto é, o adjetivo referente ao raciocínio daria ao sujeito o significado de um estado, e não de um processo.

Ou seja, a fé raciocinada não seria propriamente uma "fé que raciocina", e sim, uma fé que já raciocinou antes, para se constituir. Tal interpretação consegue parcialmente satisfazer o quadro lógico de separação entre fé e razão: haveria primeiro o movimento de raciocínio e, somente depois, a fé se constituiria.

Esse ponto de vista, entretanto, não é satisfatório, sob o prisma kardequiano. Ainda nas menções que faz sobre a questão da fé, o codificador publicou em "O Evangelho Segundo o Espiritismo" um axioma que se tornou famoso nos meios doutrinários espíritas: "Fé inabalável só é a que pode encarar a razão, face a face, em todas as épocas da Humanidade". Nessa proposição,

Allan Kardec nos remete a uma percepção histórica, processual, do fenômeno da crença, delimitando, com o rigor que lhe era próprio, a característica especial e profundamente inovadora da fé espírita.

Nesse contexto, a fé raciocinada – qualidade que a tornaria inabalável – seria não apenas aquela que se constituísse por um movimento de decisão racional, mas, também, a que se mantivesse em regime de racionalidade contínua, inclusa essa exigência no exercício da própria fé. A conciliação necessária, nesse caso, entre os conceitos de fé e razão, seria feita pela mudança de um raciocínio lógico para um raciocínio dialético:

os contrários, ao invés de se excluírem, se complementam, se conjugam, na explicação da realidade.

Dentro desse modo de pensar, a fé espírita forma um par dialético inseparável com a razão espírita. Tal concepção significa que a crença espírita é basicamente uma fé que admite dúvida e com ela convive, durante todo o tempo. Trata-se, portanto, de uma fé aberta, dialogal, disposta a modificar as próprias opiniões ou o objeto de sua manifestação como crença, desde que satisfeitas as condições do livre exercício da razão. Por outro lado, como contrapartida, a razão espírita constitui uma dúvida que se baseia na fé, capaz de fazer emergir as desconfianças naturais da racionalidade sem uma pretensão cética ou cientificista, e que, sobretudo, está disposta a admitir a crença e a confiança naqueles conteúdos sobre os quais a razão ainda não assumiu uma postura de conhecimento e verificação. Tal composição resulta no que Herculano Pires denominou, muito apropriadamente, "fideísmo crítico".

Esse foi o maior fenômeno da segunda aparição: as pessoas começaram a abandonar organizações religiosas, notadamente evangélicas, pois os fatos, e os conhecimento transmitidos estavam muito mais alinhados com o que sempre foi preconizado pelo Espiritismo, e por organizações mais fechadas como os Rosacruzes e os Maçons.

A opinião e a sensação unânime no Brasil e em alguns países cristãos principalmente católicos e anglicanos foi que Jesus Cristo finalmente havia retornado e se apresentado, não da maneira como os religiosos mais fervorosos esperavam, mas voltou.

Como saldo positivo também, vale ressaltar a diminuição sensível dos casos de suicídio, não somente no Brasil mas no mundo todo. Houve arrependimentos até de "homens-bomba" que quase no último instante, desistiram de suas ações e passaram a acreditar em crenças de outra religião, tal a repercussão dos acontecimentos no Brasil.

A terceira aparição

*"Tornei-me a Morte, a destruidora de mundo" – verso do texto
sagrado hindu Bhagavad-Gita*

Os dias de paz passaram a ser mais comuns, aos poucos a situação no Brasil foi se normalizando, até as eleições já haviam sido marcadas.

O ex-presidente finalmente retornou ao país ovacionado inúmeras vezes em suas aparições públicas. O clima era de otimismo, esperança e fé em um Brasil melhor, dentro e fora do país.

Internacionalmente, ainda se ouvia alguma manifestação relativa aos desaparecimentos, mas depois das palavras daquele homem que muitos julgavam ser "Jesus Cristo" novamente encarnado, as vibrações se elevaram, templos, igrejas e sinagogas estavam sempre repletas de pessoas.

As manifestações de ajuda ao próximo também se tornaram mais comum, não se via com tanta frequência moradores de rua, que passaram a aceitar ajudar para mudar a situação de vida.

Doenças emocionais passaram a ser as que menos demandavam os serviços públicos de saúde.

Na economia, a confiança e a volta do ex-ministro da fazenda que havia deixado o país bem orientado, aumentaram a confiança do mercado para que os rumos continuassem no caminho certo do crescimento e do desenvolvimento.

No aspecto externo, os interesses de cooperação entre países voltaram com vigor, acreditando que o Brasil será uma liderança inconteste no cenário internacional.

O clima de esperança e de paz era possível de ser sentido em qualquer lugar, mesmo com esporádicas manifestações de familiares dos desaparecidos. A impressão de que se tinha era que apenas as pessoas "ruins" haviam sido abduzidas.

O fervor religioso estava em alta, com pessoas criando cenários de felicidades e de paz. A expectativa sobre outra aparição daquele homem que todos chamavam de "Jesus Cristo" apesar de nenhuma relação com a imagem consagrada de Jesus com barba e cabelos longos do século 17 que ainda é a mais comum, já não importava mais, com a maioria atribuindo à uma versão mais modernizada que simplesmente apareceu aqui.

Órgãos policiais e milhões de pessoas procuraram imagens por meio do Google e registros de cartórios, e todas as redes sociais e se observaram apenas muitas pessoas semelhantes, mas ninguém conseguia afirmar com certeza ser esta ou aquela pessoa especificamente.

Ele também não havia mencionado em nenhum momento sua origem, seu nome, ou qualquer coisa que pudesse ajudar a identificá-lo e esse fato acabou gerando uma ansiedade generalizada em todo o mundo para descobrir quem era aquele homem, sua origem, onde trabalho, onde estudou, que eram os pais, onde havia nascido, ou seja, tudo! Apareceram vários sósias, várias histórias que não convenciam muita gente.

No domingo, exatamente às 18 horas, horário de Brasília, todos os aparelhos eletrônicos receberam um sinal similar ao recebidos na semana anterior e retrasada. A expectativa por ver aquele homem extraordinariamente cativante e profundo nas palavras era comparável com uma final de Copa do Mundo de Futebol. Sorrisos de alegria estavam nas feições de todos que acreditavam na volta do redentor.

Com pouco mais de um minuto de transmissão, surgiu novamente em todos os aparelhos de televisão e todos os demais aparelhos eletrônicos a extremamente aguardada figura daquele homem que estava mudando não somente o Brasil, mas também o mundo, pois aparentemente, começou a aparecer arrependimento em todos.

- "Que a paz esteja convosco!" – falou aquela figura tão incansavelmente procurada por todos.

- "Meus irmãos e irmãs desse maravilhoso país, venho pela terceira e última vez me dirigir a todos vocês para esclarecimentos e instruções específicas" – disse em tom solene, mas ao mesmo tempo, tranquilizador.

Murmúrios de decepção foram ouvidos por todos os cantos ao ouvir de que era a última vez.

- "Antes, porém, peço à todos um breve momento de oração! Fechem os olhos por um breve instante e repitam essas palavras mentalmente!".

Após um breve instante, prosseguiu dizendo:

- "Deus de meu coração, Deus de minha compreensão, rogo que me esclareça quanto ao meu papel nesta vida e neste planeta! Mostre-me a importância da convivência harmônica com os demais seres vivos e com este planeta. Que eu seja digno de receber as bençãos da compreensão do papel que me foi destinado! Que assim seja!".

Quase em uníssono, ouvia-se por toda parte:

- "Assim seja!".

Prosseguiu dizendo, calma e pausadamente:

- "Cada um de vocês é uma parte e uma expressão de Deus. Cada um de vocês tem, portanto, importância igual e juntos, enquanto alma consciente, podem modificar o ambiente e a realidade em que vivem".

Arrancou com isso sorrisos e expressões de felicidade nos rostos de milhões de pessoas, e prosseguiu:

- "Hoje, é muito comum ver pessoas manifestando "gratidão" pelo que Deus te proporcionou. É muito comum ver pessoas "abençoando" e pedindo bençãos. É muito comum, dizendo que são prósperas porque passaram a ter o meu irmão Jesus no coração! Nada disso minha gente!".

Sua voz se tornou mais incisiva e grave ao continuar:

- "Só é próspero quem trabalha e dedica as suas próprias capacidades e inteligência para construir no agora, o que lhe vai te dar conforto na velhice. Não se trata de nosso Pai ou de nosso irmão Jesus lhe "dando". A teoria da prosperidade que afirma que basta acreditar em Jesus que terá uma vida próspera é uma falácia. Assim, o sucesso ou o fracasso de uma pessoa, não depende de "Deus", não depende de suas crenças em entidades onipresentes ou oniscientes".

Continuou dizendo de modo mais ameno:

- "Outra coisa muito importante que deve ser esclarecida é que meu irmão Jesus, também nunca disse para criar uma religião. Ele nunca quis dividir os homens em crenças, muito menos desejou que houvesse guerras e mortes em nome dele ou de Deus. Porém, entendemos que isso fez parte do aprendizado humano e da evolução como almas. Já basta!" – Ordenou.

- "Não somos, eu e Jesus, Buda, Maomé, o Papa, o Dalai Lama, e outros seres mais iluminados e evoluídos que já passaram por esse mundo, seres diferentes de vós! Apenas estamos em estágios mais avançados de evolução. Compreendemos com maior facilidade o que somos e nos utilizamos disso para trabalhar para todos! Apenas isso!".

Nesse momento, a dúvida após a lembrança do texto bíblico que afirma que Jesus é o único caminho para alcançar o Pai, caiu por Terra.

- "Sendo assim, além de promover uma limpeza necessária nesse estágio de evolução de vocês, estamos aqui para esclarecê-los sobre a necessidade de se buscar não um aprofundamento em religiões diferentes ou alguma em especial. Propomos uma religião, para ser de mais fácil compreensão, Universal!".

- "Na verdade, não se trata de uma religião, mas de um conhecimento Universal".

As verdades já doíam nas pessoas que continuavam ouvindo atentamente:

- "Essa consciência universal fará com que a Humanidade caminhe com menos percalços, enquanto civilização, para a evolução mais rápida de forma que seja possível acompanhar outras civilizações neste Universo. A Consciência Universal já é mencionada e estudada por algumas Organizações neste mundo, assim, já existe a semente germinando dentro da Maçonaria, dos Rosacruzes e dos Espíritas".

Nesse momento, muitos evangélicos acharam que haviam sido esquecidos.

- "Me desculpem por ser tão direto e claro sobre algumas crenças, mas meu irmão Jesus já está entre vós, trabalhando para conduzi-los por meio das descobertas daquilo que vocês, conscientemente ou não, já sabem: que não estão sozinhos no Universo!".

- "Cada um de vós, possuis dentro de si, a capacidade de criar a realidade à sua volta. Vossa felicidade verdadeira, depende apenas de vós. Não alimente a inveja porque o próximo parece ser mais feliz, mas compartilhe a sua própria alegria com aqueles à vossa volta!".

Mais sorrisos eram percebidos.

- "Sobre Deus, e sua existência! Essa é uma pergunta complexa que tem sido debatida por filósofos, teólogos e cientistas há séculos.

Vamos refletir sobre as informações que temos bem como, raciocinar sobre o assunto.

A existência de Deus é uma questão de crença, e diferentes pessoas têm diferentes opiniões. Alguns argumentam que a existência de um ser supremo é evidente por meio de experiências espirituais ou revelação divina, enquanto outros sustentam que não há evidências concretas de sua existência. Existem várias teorias filosóficas e argumentos sobre a existência de Deus, incluindo o argumento cosmológico, o argumento ontológico e o argumento do design e muitas variações das mesmas argumentações.

Além disso, as crenças religiosas também desempenham um papel importante na crença na existência de Deus. A maioria das religiões tem a crença em um ser supremo como um dos seus princípios fundamentais. No entanto, muitas pessoas também são capazes de encontrar significado e propósito em suas vidas sem acreditar na existência de um ser divino.

Em resumo, a existência de Deus é uma questão de crença pessoal, e a resposta a essa pergunta pode variar dependendo de quem for perguntado".

Com as ideias aparentemente incompreensíveis e discordantes das concepções mais gerais, prosseguiu:

- "Sobre o que as religiões falam sobre Deus, praticamente tudo está errado! Deus não é um ser! Deus pode ser considerado como o conjunto de todos os seres vivos de todo o Universo, portanto, cada um de vocês é parte de Deus e por isso, eu que faço parte do grupo mais evoluído concluímos que era necessário promover mudanças radicais na forma de vida dos seres mais evoluídos deste pequeno, mas belo e importante planeta do Universo".

- "Em resumo, Deus é, na verdade, a consciência cósmica – união de todas as mentes dos seres vivos deste Universo!".

Após mais uma pausa, continuou muito sério:

- "A decisão sobre eliminar as almas degeneradas se deu porque vimos a incapacidade de reação da maioria absoluta ante a tomada de poder e o controle das mentes por verdadeiros parasitas que fatalmente, conduziriam o país para a destruição de valores ainda presentes na maioria da população em um primeiro momento, e depois a destruição do próprio país, com fome, miséria e conflitos armados, internos e externos".

- "A covardia de quem deveria tomar a iniciativa de proteger a população e que dissimulavam sua incapacidade alegando ter visão estratégica, motivaram a nossa interferência direta nas instituições militares, pois muitos, na verdade, nutrem simpatia pelo mal".

- "Esses mesmos parasitas, que nada mais são que a manifestação material do mal em essência, já haviam sido banidos de outros planetas. Foram dadas chances de recuperação e de regeneração, porém, vimos que os problemas individuais não só persistiam, como continuavam a promover a degradação do ambiente em volta deles, tal como uma fruta podre no meio de outras frutas boas. Por essa razão e para o bem de todos que fazem parte da consciência universal, foi decidido pela extinção da alma, pura e simples. Foi a decisão mais radical do qual fui incumbido de fazer".

Com um silêncio que parecia ter parado, tudo continuou com a revelação mais forte:

- "Por fim, como já deixei claro, eu não sou Jesus! Eu sou o Ceifador e minha missão neste país está completa, sigo agora para continuar minha missão de limpeza desse planeta, em outro país, cujo povo está sofrendo. Que a paz, a ordem e o progresso acompanhe todos deste maravilhoso país!".

E concluiu dizendo:

- "Com as bençãos do Cósmico, me despeço dos Brasileiros, rogando para que todos consigam ter seus caminhos iluminados pela sabedoria e pelo conhecimento que vos transmiti. Que assim seja!".

Assim que terminou a transmissão, as pessoas simplesmente se olhavam, algumas sorrindo, outras chorando e a maior parte sem reação aparente, apenas estáticas.

Verão de 2023

2064
Novas moradas

*"Espaço e tempo são como um tecido que
pode ser torcido e dobrado"*

Introdução

A história que vou contar pode incomodar o leitor! Não espero que você, leitor, acredite em tudo que vou expor. Se trata do meu futuro, da possibilidade de história que eu escolhi viver e só o fato de eu ter escolhido o que quis viver, pode excluir outras possíveis histórias.

O Universo, de alguma forma, na sua imensidão tem inúmeras linhas de tempo. O cético apenas limita a própria visão e dessa forma não vislumbra outras possibilidades, mas elas existem. A falta de coragem de escolher seu próprio caminho, automaticamente, faz com que o próprio Universo limite também as possibilidades e por consequência, a própria Natureza se encarrega de promover a extinção pura e simples da vida que apenas vive o caminho. Eu escolhi buscar mais.

Já se sabia que a vida na Terra após uma guerra nuclear seria extremamente desafiadora e desoladora. Uma guerra nuclear envolveria o uso de armas de destruição em massa, como bombas atômicas, que causariam uma devastação maciça em várias escalas: física, ambiental, social e econômica.

Aqui estão algumas possíveis consequências e características dessa realidade pós-guerra nuclear:

Destruição Generalizada: Uma guerra nuclear resultaria em uma destruição generalizada de áreas urbanas e rurais. Cidades inteiras seriam reduzidas a escombros, infraestruturas cruciais seriam aniquiladas e recursos naturais seriam contaminados. A paisagem seria marcada por ruínas e destroços.

Radiação e Contaminação: A explosão das armas nucleares liberaria uma quantidade significativa de radiação ionizante, que seria extremamente prejudicial à saúde humana, animal e vegetal. Áreas próximas aos locais de impacto sofreriam altos níveis de radiação, tornando-as inabitáveis e perigosas por décadas ou até mesmo séculos. Além disso, a contaminação radioativa se espalharia pelo ar, água e solo, afetando vastas áreas geográficas.

Mortalidade em Massa: Uma guerra nuclear resultaria em um grande número de mortes imediatas devido às explosões e ao impacto direto das bombas. Além disso, a radiação e a falta de recursos básicos, como alimentos, água potável e assistência médica, levariam a uma alta taxa de mortalidade contínua entre os sobreviventes.

Escassez de Recursos: A guerra nuclear levaria à escassez severa de recursos essenciais para a sobrevivência. A infraestrutura de abastecimento de água e energia seria destruída, a agricultura seria afetada e os ecossistemas seriam danificados, resultando na falta de alimentos, combustível e outros bens básicos.

Efeitos Ambientais Duradouros: A guerra nuclear teria impactos ambientais duradouros. A radiação persistente afetaria a fauna e a flora, resultando na morte de muitas espécies e na interrupção dos ecossistemas. A poluição do ar, água e solo também teria efeitos de longo prazo, dificultando a recuperação ambiental.

Deslocamento em Massa: A população seria forçada a fugir de áreas altamente contaminadas e perigosas, resultando em um grande deslocamento de pessoas. Os sobreviventes seriam obrigados a buscar refúgio em áreas menos afetadas, aumentando a pressão sobre os recursos disponíveis nessas áreas.

Sociedade Fragmentada: A guerra nuclear teria um impacto devastador nas estruturas sociais e nas relações entre as pessoas. A confiança e a cooperação seriam prejudicadas, e a luta pela sobrevivência poderia levar ao surgimento de conflitos e violência generalizada.

Dificuldades de Saúde Mental: As consequências físicas e emocionais de uma guerra nuclear teriam um impacto significativo na saúde mental das pessoas. Traumas, luto, depressão e ansiedade seriam comuns entre os sobreviventes

Para saber como cheguei até aqui!

O ano é 2064, e há mais de 30 anos usamos computação quântica que juntamente com a evolução espantosa da inteligência artificial, contribuiu, primeiramente com a descoberta de novos parâmetros da física e depois pelas necessidades impostas pelo fim da terceira guerra mundial moldou o mundo em que vivo hoje.

Mencionei acima a terceira guerra mundial que se seguiu após uma desastrada tentativa do Presidente da extinta grande Nação de acabar com a guerra que consumia rapidamente os recursos do país que sofria severas sanções econômicas de outros países.

Foi no ano de 2023, que ocorreu a última explosão de uma bomba atômica lançada em retaliação contra o extinto país chamado Rússia que estava engajado em uma guerra que ela mesmo iniciou com a invasão de um país vizinho chamado Ucrânia.

A guerra entre a Rússia e a Ucrânia já contava com mais de um ano quando chegou a uma encruzilhada: não havia mais alternativas para uma vitória militar contra a

Ucrânia em uma guerra convencional, o que levou o Presidente russo a decidir por utilizar armamento nuclear contra o país vizinho que havia sido invadido no mês de fevereiro do ano anterior. Foi a pior decisão que ele podia tomar.

Naquela época, os países que formavam a OTAN – Organização do Tratado do Atlântico, lançaram ogivas nucleares contra a Rússia e acabaram com as pretensões do então Presidente russo que queria retomar territórios perdidos após o esfacelamento da União Soviética em 1989, colocando um dirigente alinhado e controlado pelo gigante país vizinho.

As pretensões do presidente russo não somente não foram atingidos pelo apoio inicialmente velado de outros países, como acabou por criar uma coalização que precipitou o fim de um grande país e uma mudança radical nas relações entre os países e alterações significativas nas relações que se seguiram.

Grande parte dos países europeus daquela época, estavam bem preparados para a possibilidade de uma guerra nuclear, principalmente aqueles que viviam sob ameaça constante de invasão do gigante país vizinho. Entretanto, não se pode dizer o mesmo da maioria dos países do hemisfério sul e da África que, inclusive, teve acelerada o processo de divisão de placas tectônicas que já estava lentamente ocorrendo. Isso também mudou a configuração do planeta e provocou extermínio de bilhões de pessoas não diretamente envolvidas inicialmente na guerra do leste europeu.

Após o término da guerra, com a destruição quase total da Rússia, e morte de milhões de pessoas que não tiveram tempo de fugir, houve uma nova reconfiguração política, pois se percebeu que os organismos que existiam não respondiam mais às necessidades dos povos.

Após o desastre da guerra provocado pelo homem, a necessidade de uma nova Ordem Mundial ficou claramente exposta, o que obrigou também uma mudança onde os limites de fronteiras até então conhecidas deixaram de existir e outros organismos foram criados para tentar unificar todo o mundo, o que ocorreu não pela boa vontade da maioria, mas pela fome que assolou grande parte da humanidade e provocou migração sem precedentes para países do hemisfério sul, mais especificamente das antigas América Latina e Austrália.

Felizmente para a humanidade, a inteligência artificial (IA) que havia ganhado impulso, associada com alta capacidade de computação , inclusive da computação quântica, possibilitaram descobrir as condições ideais para concentração de matéria e assim acabamos criando atalhos para exploração do Universo e de outros planetas com possibilidade de abrigar vida.

A inteligência artificial nos salvou, literalmente.

Outro ponto muito importante que vale a pena ressaltar, foi que na área científica, a equação do campo de Einstein foi resolvida com ajuda de IA e da computação quântica, o que permitiu definir a exata equação da distribuição de matéria de forma sustentável para a criação de buracos de minhoca, que permanecem de forma estável pelo tempo necessário para cada viagem interestelar sem correr o risco de criar um buraco negro.

Com essa excepcional descoberta científica os conhecimentos relativos aos campos quânticos e também o relacionamento entre a teoria quântica de campos com a teoria de Relatividade de Einstein permitiram a realização de um outro sonho científico sem precedentes: passamos a dominar o espaço!

E com o domínio do espaço, uma imensa quantidade de recursos minerais ficaram à disposição, sendo o cinturão de asteróides entre Marte e Júpiter, uma imensa fonte de materiais que ganharam valor econômico considerável, tendo em vista que imensas porções de terra ficaram inabitáveis com as oito explosões de artefatos nucleares no antigo leste europeu.

E aqui começa realmente o meu relato!

100 anos

O meu próximo aniversário está chegando, em junho vou completar 100 anos de uma vida que vivi plenamente, muito embora com muitas situações difíceis. Já não tenho a mesma agilidade e capacidade física de quem foi militar da Força Aérea Brasileira que hoje já não existe mais, que praticou muita atividade física em variados esportes, como mergulho, salto de paraquedas, artes marciais, ciclismo, futebol.

Sofri alguns efeitos da radiação da guerra que aconteceu em 2023 que foi carregada pelos ventos pelo mundo todo, mas graças aos incríveis avanços da medicina e também do início da intensiva exploração espacial, pude recuperar minha saúde e vitalidade, o que me trouxe até hoje, sem muita alteração além do envelhecimento natural dos tecidos orgânicos e nenhuma comorbidade

A guerra que eu participei em 2023 foi rápida e altamente destrutiva. Foi necessário mobilizar reservistas para compor as antigas forças armadas. Eu era da Força Aérea e na época coincidiu de ter voltado para a Força

Aérea Brasileira por meio de uma decisão judicial, pouco antes da mobilização citada.

Alcei ao posto de Major e fui deslocado para uma região da África que além de sofrer com a migração em massa, passou a sofrer com a atuação de grupos guerrilheiros armados, que passaram a atacar e explorar quem fugia das consequências da guerra nuclear no continente europeu. Fiquei feliz por participar de um conflito armado real, mas preferia ter combatido em uma guerra convencional. Terminei contribuindo para a minha Força Singular e para o Brasil, pelas ideias e pela capacidade de planejar com grandes acertos. Ajudei na eliminação dos grupos guerrilheiros pois entendia que o diálogo não garantia a vida de ninguém desesperado para conseguir alimentos e abrigos. E os grupos armados só promoviam saques, mais mortes e destruição.

Por outro lado, quando ainda antes do conflito nuclear, já me interessava realmente pela Física, e consegui concluir meu primeiro doutorado em Engenharia da Computação pelo Instituto Tecnológico de Aeronáutica, Depois ainda estudei Física, área em que também me tornei doutor, o que me levou a avançar em muito as pesquisas em computação aplicada na Física quântica.

Após a minha participação no controle das migrações massivas e eliminação total de grupos armados que se aproveitaram das novas oportunidades, ainda como militar passei a contribuir na compreensão da possibilidade de empregar a teoria da dobra espacial, pois outras necessidades surgiram após a guerra e assim tive também a oportunidade de empregar muito mais que os meus conhecimentos militares, em combates reais.

A teoria da física acima mencionada, propõe a existência de um "atalho" no espaço-tempo, que permite que uma nave possa se deslocar a distâncias imensas em um curto período de tempo. Essa teoria é baseada na ideia de que o espaço e o tempo são flexíveis e podem ser curvados por uma quantidade suficiente de energia ou massa e nós já sabíamos que qualquer corpo com massa, deformava o espaço-tempo ao redor do corpo.

Na teoria posteriormente comprovada, uma nave que utiliza a dobra espacial seria capaz de criar uma bolha no espaço-tempo ao seu redor, curvando-o para permitir que a nave se mova através dele a velocidades superiores à da luz. Para fazer isso, a nave precisa gerar uma quantidade enorme de energia para criar a curvatura do espaço-tempo e, em seguida, entrar na bolha criada por essa curvatura.

Uma vez dentro da bolha, a nave pode viajar a velocidades altíssimas, sem sentir a resistência do espaço normal. No entanto, isso só é possível se a nave tiver uma fonte de energia suficientemente poderosa para gerar a curvatura do espaço-tempo necessária para criar a bolha. Além disso, a nave precisaria de um mecanismo para controlar e direcionar a curvatura, para que pudesse navegar com precisão.

Vale ressaltar que a dobra espacial era uma teoria ainda não comprovada pela ciência até o ano de 2030 e não havia evidências concretas de que seria possível criar uma nave capaz de utilizá-la. No entanto, muitos cientistas continuaram a estudar a teoria e a realizar experimentos para tentar entender melhor como ela poderia funcionar e se era viável na prática, o que acabou se confirmando para felicidade da humanidade.

Essa teoria comprovada possibilitou viagens espaciais viáveis para o tempo de vida das pessoas, que poderiam receber de volta seus entes queridos e propiciou algo sempre esperado, o contato com formas de vida inteligentes.

Procurávamos sinais de vida inteligente com ajuda de telescópios baseados na Terra e no espaço já havia muito tempo.

A possibilidade de vida extraterrestre sempre foi um tema fascinante e em constante debate entre cientistas e entusiastas do espaço. Porém, não havia nenhuma prova definitiva de vida fora da Terra, apesar do fato de existir probabilidade devido ao número de estrelas existentes em nossa galáxia e a existência de bilhões de outras galáxias, e isso, por si só, sugeria que a vida poderia existir em outros lugares do universo.

Já se sabia que com a descoberta de exoplanetas - planetas que orbitam estrelas fora do nosso sistema solar - com possibilidade de que poderiam ter condições semelhantes à Terra, como água líquida e uma atmosfera adequada para sustentar a vida.

Outro fator que aumentava a esperança, foi a descoberta de micróbios extremófilos em ambientes extremos aqui na Terra, como em fontes termais vulcânicas e em ambientes subterrâneos, o que sugeria que a vida poderia ser muito mais resistente do que pensávamos anteriormente e podia sobreviver em condições que antes se consideravam impossíveis.

Neste ano de 2064, já registramos o encontro de várias formas de vida e algumas delas bem inteligentes e mais evoluídas que a humanidade. No entanto, ainda se considera que a busca por vida extraterrestre está em seus estágios iniciais e há muitas incertezas a serem consideradas, tendo em vista que há infinitas possibilidades de formas de vida possíveis, e o mesmo vale sobre os ambientes que são propícios para sua existência de vida e como detectá-las.

No passado, *Próxima b* foi o primeiro exoplaneta potencialmente habitável que foi pesquisado, tendo em vista que orbita a estrela Proxima Centauri, a estrela mais próxima do nosso sistema solar. Ele está localizado a aproximadamente 4,24 anos-luz de distância na constelação de Centaurus. O Próximo b foi descoberto em agosto de 2016 por uma equipe de astrônomos usando o método da velocidade radial, que mede a leve oscilação de uma estrela causada pela atração gravitacional dos planetas em órbita.

O planeta denominado *Próxima b* tem aproximadamente 1,3 vezes a massa da Terra e orbita sua estrela a uma distância de cerca de 0,05 unidades astronômicas (UA), que é cerca de 20 vezes mais perto do que a Terra orbita o sol. Entretanto, Proxima Centauri é uma estrela muito mais fria e menor que o sol, então Proxima b recebe cerca de 65% da quantidade de energia que a Terra recebe do sol. Isso o coloca dentro da "zona habitável" da estrela, o intervalo de distâncias de uma estrela onde a água líquida pode existir na superfície de um planeta.

Próxima b foi um alvo fascinante para estudos e observações adicionais, e pôde oferecer informações valiosas sobre a potencial habitabilidade de exoplanetas em nossa vizinhança cósmica. Para decepção dos primeiros cientistas que o estudaram, não foi possível comprovar as condições da superfície e outros fatores-chave que determinariam sua adequação à vida como a conhecemos.

O encontro com Vida Inteligente

Diferentemente do que se pensava ser o encontro com vidas inteligentes ser algo que pudesse causar o extermínio da vida na Terra, tivemos outra sorte incrível, pode-se dizer: detectamos uso de energia quando estávamos criando outra estação orbital nas proximidades de Europa, uma das Luas de Júpiter.

Sabíamos que qualquer civilização mais evoluída dominaria diversas formas de energia, possivelmente captando energia de estrelas próximas e convertendo em outras formas de energia para uso em diversas aplicações, exatamente como na Terra.

Não estávamos errados!

Por fim, encontramos Vida inteligente na Constelação de Órion, um sistema que não era visto, e que orbitava a estrela azulada Rigel.

A nebulosa de Órion, também descrita como M42 ou NGC 1976, de acordo com a nomenclatura astronômica, é uma nebulosa difusa que se encontra entre 1500 e 1800 anos-luz do Sistema Solar, e situada a sul do Cinto de Órion.[1] Foi descoberta por

Nicolas-Claude Fabri de Peiresc em 1610 (anteriormente havia sido classificada como estrela - Theta Orionis). Existem muitas outras (fracas) nebulosas ao redor da nebulosa Orion e existem muitas formações de estrelas na região. A nebulosa Orion é, provavelmente, a nebulosa mais ativamente estudada do céu. O seu nome provém da sua localização na constelação Orion. Possui 25 anos-luz de diâmetro, uma densidade de 600 átomos/cm^3 e temperatura de 70 K. Trata-se de uma região de formação estelar: em seu interior as estrelas estão nascendo e começando a brilhar constantemente. Há uma enorme concentração de poeira estelar e de gases nessa região, o que sugere a existência de água, pela junção de hidrogênio e oxigênio.

É uma das nebulosas mais brilhantes, e pode ser observada a olho nu sobre o céu noturno. Fica a 1 270±76 anos-luz da Terra, e possui um diâmetro aproximado de 24 anos-luz. Os textos mais antigos as denominam como *Ensis*, palavra latina que significa "espada", nome que também recebe a estrela Eta Orionis, que desde a Terra se vê muito próxima à nebulosa.

A nebulosa de Órion é um dos objetos astronômicos mais fotografados, examinados, e investigados. Dela obteve-se informação determinante a respeito da formação de estrelas e planetas a partir de nuvens de poeira e gás em colisão. Os astrônomos observaram nas suas entranhas discos protoplanetários, anãs castanhas, fortes turbulências no movimento de partículas de gás e efeitos fotoionizantes perto de estrelas muito massivas próximas à nebulosa.

A nebulosa de Órion é um exemplo de formação estelar, onde a poeira interestelar forma estrelas à medida que se vão associando devido à atração gravitacional. As observações da nebulosa mostraram aproximadamente 700 estrelas em diferentes etapas de formação.

As antigas observações do hoje inativado telescópio espacial Hubble já haviam descoberto que a maior concentração de discos protoplanetários se encontra precisamente na nebulosa de Órion, revelando 150 destes discos, e acredita-se que estão numa fase de formação equivalente às primeira etapas de formação do sistema solar, o que prova que a formação de sistemas solares seja comum no universo.

As estrelas formam-se quando o hidrogênio e outros elementos se acumulam numa região do espaço, onde se contraem devido à sua própria gravidade. À medida que o gás colapsa, o agrupamento central atrai cada vez a mais partículas, pois a massa vai aumentando, até o gás se esquentar a uma temperatura suficiente para tornar a energia potencial gravitacional em energia térmica. Se a temperatura continuar aumentando, começa um processo de fusão nuclear, ocasionando uma protoestrela. Diz-se que uma protoestrela nasceu quando começa a emitir suficiente energia radioativa como para compensar a sua gravidade e frear o colapso gravitacional.

Normalmente, quando a estrela começa a fusão nuclear, a nuvem de material encontra-se a uma distância considerável. Esta nuvem que rodeia a estrela é o disco protoplanetário da protoestrela, do qual se poderão formar os planetas. Observações infravermelhas recentes mostram que as partículas de poeira destes discos protoplanetários estão crescendo, pelo qual estão começando a formar planetesimais.

Uma vez que a protoestrela entra na sequência principal, é classificada como estrela. Embora a maioria dos discos protoplanetários possa formar planetas, as observações mostram que uma intensa radiação estelar teria destruído qualquer disco protoplanetário que se formasse perto do grupo do Trapézio se estes discos tivessem a mesma idade que as estrelas de baixa massa do cúmulo. Como se observa que os discos protoplanetários se encontram muito próximos do cúmulo do Trapézio, deduz-se que as estrelas formadas por estes discos são muito mais novas que as outras estrelas do cúmulo.

Hoje, a busca por sinais de vida fora da Terra e fora de Órion continua sendo um campo ativo de pesquisa na astronomia e na astrobiologia de ambas as civilizações, e novas descobertas podem ocorrer à medida que avançamos na compreensão do Universo e no desenvolvimento de novas tecnologias comuns.

Encontramos outras formas de vida mais primitivas também, e procuramos estudar cada uma delas usando o princípio de não interferir na evolução delas, até para que não ocorra a extinção de uma ou de outra. Aprendemos com muito custo que era necessário respeitar todas as formas de vida e evitar aquelas que poderiam ser perigosas para a humanidade.

A minha viagem pelo Sistema Solar

Já falei demais sobre as coisas que descobrimos, mas não contei nada ainda sobre minha viagem para ver de perto os planetas Júpiter, Saturno e Urano. Pude vê-los de muito perto, e me emociono ao lembrar do tamanho impressionante deles. A viagem foi relativamente rápida, e fiz quando ainda tinha 80 anos, praticamente uma criança (risos).

A viagem usando dobra espacial foi muito tranquila e nem parecia que estávamos em velocidades tão grandes, por vezes maior que a da luz.

Pena que o Comandante da nave, que era um militar da nova estrutura criada após a guerra, na época, não quis sair do planejamento da missão. Toda a tripulação sugeriu a ele prosseguir a viagem até os planetas anões, e embora ele tenha recebido autorização para estender um pouco mais a missão de pesquisa pelo Sistema Solar pelo Centro de Controle de Voo Interestelar, o comandante achou por bem seguir o planejamento inicial. Acatamos, e respeitamos a precaução adotada e no fim, sem dúvida alguma, valeu a pena ter feito essa viagem até os planetas gasosos gigantes.

Foi um momento inesquecível ver tão próximos dois planetas tão grandes em relação à Terra, aliado ao fato que de sabia que estava viajando na velocidade da luz durante boa parte do caminho, sem nenhuma sensação física, somente o tempo de viagem que foi em muito abreviado e me permitiu voltar para meus filhos e netos, sem grandes diferenças de idade, apesar de que o tempo passou mais rápido para eles, e nós tripulantes, envelhecemos menos.

Voltando aos planetas, Urano também foi uma visão diferente, mas não tão impactante quanto Júpiter e Saturno que sempre via por telescópios (muito menores) quando estava fazendo o meu primeiro doutorado e trabalhava como voluntário no Observatório simples do Instituto de Aeronáutica e Espaço (IAE) do então Departamento de Ciência e Tecnologia Aeroespacial do Comando da Aeronáutica do Brasil, da qual eu fazia parte como oficial.

A interação com novas formas vida

Os habitantes do planeta Terra viveram momentos de extrema tensão e preocupação durante a após a guerra e momento de júbilo quase que imediatos com as descobertas científicas que se seguiram.

Nada como a necessidade para abrir os olhos dos que sobreviveram a um hecatombe nuclear.

Nada, porém, poderia ser mais estranho que o contato com seres de outros planetas, que já monitoravam nosso planeta.

Como já disse, o impacto para a humanidade da descoberta e do contato estabelecido não foi tão traumático para a humanidade quanto sempre se esperou e que foi repetidamente usado em roteiros de filmes do passado.

Eles já estavam entre nós, já haviam tomado forma humana, já faziam parte de governos, de forças armadas, de empresas e de praticamente toda atividade humana. Nos conduziam silenciosamente e eram quase imperceptíveis. Seres híbridos já nasciam e por alguma decisão tomada após a segunda guerra mundial, tudo foi escondido.

De vez em quando, fenômenos estranhos ocorriam mas todo o sistema estava preparado para desacreditar qualquer manifestação de alguém que por alguma eventualidade, testemunhou o fato.

Eu mesmo, já tinha conhecimento de diversos fenômenos ocorridos nos céus do meu país que hoje não existe mais, o Brasil. Tive oportunidade de conversar com militares mais antigos que eu bem como já havia experimentado, juntamente com os meus filhos mais velhos, uma situação no mínimo bizarra.

Estávamos viajando de automóvel pela Argentina quando paramos numa região remota próxima da Patagônia. Nos hospedamos no único hotel que tinha vagas numa noite de janeiro do ano 2020. Pela manhã, meu filho mais novo amanheceu com uma marca na região das costas dele, uma espécie de círculos tal como se fosse uma tatuagem. Fizemos fotos com aparelho de telefonia móvel, que existiam na época. Meu filho nada lembrava e eu e meu filho mais velho não percebemos absolutamente nada durante a noite. Nada explicava o aparecimento desses sinais gravados na pele dele. Inclusive brincamos na oportunidade que ele havia sido abduzido. Os sinais na pele dele desapareceram aos poucos. Tal fato só foi comentado com amigos e familiares próximos.

Felizmente, para nós seres humanos, a civilização que nos "encontrou", por assim dizer, era mais avançada em todos os aspectos, incluindo os espirituais, de forma que, para eles, éramos uma civilização com potencial de mais evolução, considerando o tempo que ainda temos de vida neste planeta Terra, já que como sabemos, ficará inabitável em aproximadamente 700 milhões de anos e em 4 bilhões de anos, o planeta será destruído pelo nosso Sol quando ela se tornar uma Gigante Vermelha.

O primeiro contato foi absolutamente pacífico, tínhamos saído de uma guerra poucos anos antes e precisávamos buscar alternativas para sobrevivência da humanidade e dos animais que viviam no mesmo ecossistema. Houve muita comoção apenas entre as pessoas com menos instrução, e o fato de já existir um governo único para todos os povos, ajudou no controle da reação da população, que já havia sofrido muito com a última guerra.

No começo, chegamos a conjecturar que se tratavam de seres de uma quinta dimensão.

A noção de uma quinta dimensão é frequentemente abordada na física teórica e nas especulações científicas, considerando que que nossa compreensão atual do universo se baseia principalmente em quatro dimensões: três dimensões espaciais (comprimento, largura e altura) e uma dimensão temporal (tempo). No entanto, em termos especulativos, podemos explorar algumas ideias sobre como seria viver em uma quinta dimensão.

Assim, especulamos que o contato com seres de dimensões superiores poderiam nos ajudar, por exemplo na expansão da percepção: Viver em uma quinta dimensão poderia significar uma expansão significativa da percepção humana. Poderíamos ter uma compreensão mais abrangente do espaço-tempo, permitindo uma visão mais completa e uma percepção mais detalhada do mundo ao nosso redor.

Compreensão do movimento através das dimensões: Se vivêssemos em uma quinta dimensão, teríamos a capacidade de nos mover livremente não apenas nas três dimensões espaciais, mas também na dimensão adicional. Isso significaria que poderíamos realizar movimentos e trajetórias que atualmente não podemos conceber, como curvar ou dobrar o espaço de maneiras complexas.

Outro ponto importante seria o acesso a realidades paralelas: A ideia de múltiplas dimensões está relacionada à possibilidade de existência de realidades paralelas. Em uma quinta dimensão, poderíamos ter acesso a essas realidades alternativas e experimentar diferentes versões da realidade em que vivemos.

A possibilidade de conexões além do espaço-tempo: Viver em uma quinta dimensão poderia permitir a existência de conexões além do tempo e do espaço. Poderíamos interagir com eventos passados, presentes e futuros de uma maneira que transcende nossa compreensão atual do tempo linear.

Finalmente, poderíamos ter acesso ao conhecimento de novas leis físicas e possibilidades: Em uma quinta dimensão, as leis físicas poderiam ser diferentes das que conhecemos atualmente. Poderiam existir fenômenos e interações que não são possíveis em nossas quatro dimensões. Seria um ambiente com uma física e uma realidade totalmente nova.

Entretanto, a realidade foi diferente do que especulamos!

Naves apareceram em diversas partes do mundo, principalmente nas regiões diretamente atingidas pelos artefatos nucleares, começando praticamente imediatamente um processo de "limpeza", fazendo desaparecer, aos poucos, a radiação alta e perigosa para todo tipo de vida nas regiões que haviam sido alvo das detonações.

Embora não houvesse comunicação ainda adequada, rapidamente percebemos a redução dos níveis de radiação. Demoramos para entender o que eles estavam fazendo, e principalmente, como eles estavam fazendo isso. Em pouco tempo, os níveis de radiação voltaram a permitir a habitabilidade e o ecossistema começou a se recompor. Esse foi o maior sinal de não hostilidade de nossos visitantes. A vida voltou a florescer nas regiões que antes haviam sido praticamente reduzidas à pó radioativo.

A boa intenção dos seres extraterrestres foi sendo demonstrada logo nos primeiros momentos, apesar de que, como militar, eu confesso, me preparei para novos combates. Felizmente meus instintos estavam errados, pois fomos contatados pelos que eram chamados de seres de "luz" como algumas religiões e organizações anunciavam.

Após o tumulto das primeiras chegadas, logo eles deixaram claro que haveria muitas oportunidades para a humanidade aprender com eles e expandir nossa compreensão do universo. De imediato, eles nos apresentaram uma tecnologia para reequilibrar o ambiente terrestre nas áreas atingidas pela radiação das explosões nucleares que aconteceram durante a guerra de 2023 e também começamos a aprender sobre tecnologias avançadas que nos permitiram avançar em várias áreas, desde medicina até viagens espaciais. Conseguimos ter uma visão mais ampla sobre a vida e o universo, o que levou a mudanças significativas em nossa cultura e sociedade, tanto que hoje não temos mais Estados, todos são um, com as peculiaridades regionais de cada povo respeitadas.

Temos um governo único, que regula todas as relações que são baseadas basicamente no respeito às diferenças.

Ainda existem religiões, mas a maioria das pessoas converge para uma crença única em uma inteligência cósmica universal. Felizmente, ninguém mais deseja impor convicções religiosas, a população que sobreviveu ao holocausto nuclear se deu conta de que as religiões atrasaram a evolução da humanidade por muito tempo e grande parte eram apenas interpretações erradas de livros considerados sagrados.

Do lado de nossos amigos extraterrestres, devido ao nascimento de muitas estrelas relativamente próximas, eles foram obrigados primeiramente à mudar para outras regiões do mesmo planeta, depois aprenderam à mudar para outros planetas e finalmente aprenderam a dominar as radiações que poderiam provocar extinção da forma de vida.

As muitas experiências e conhecimentos diferentes dos nossos aqui na Terra geraram muita curiosidade sobre sua cultura, tecnologia e forma de vida, então decidiu-se que haveria um intercâmbio de experiências. Habitantes da Terra foram escolhidos para visitar o planeta deles e eles nos mandaram também seres para conviver conosco.

Como diferentes seres, temos diferentes maneiras de pensar, agir e se comunicar.

Entre outras coisas, a civilização inteligente que encontramos nos mostrou que o nosso Universo é holográfico e isso foi espetacular, pois já tínhamos alguma noção rudimentar dessa possibilidade.

Para nós seres humanos, a hipótese de que o universo era holográfico foi uma ideia proposta por físicos teóricos que sugeriam que a informação sobre a natureza tridimensional do universo é, na verdade, codificada em uma superfície bidimensional. Essa ideia é baseada em uma analogia com a tecnologia holográfica, na qual uma imagem tridimensional é codificada em uma superfície bidimensional.

De acordo com a hipótese hoje comprovada, a informação sobre o universo está contida em uma superfície bidimensional, que é conhecida como o horizonte de eventos. Essa superfície é uma espécie de "membrana" que separa o universo observável daquilo que não podemos observar, como nos buracos negros.

Por muito tempo, essa hipótese gerou muita discussão e interesse na comunidade científica, e assim foi considerada como uma ideia especulativa e controversa. Atualmente, temos evidências experimentais sólidas que confirmam a hipótese holográfica do universo, mas ainda restam muitas questões e desafios teóricos que precisam ser resolvidos para que possamos ter uma compreensão mais clara dessa ideia.

Esse fato, comprovou o que terapeutas holísticos diziam e aplicavam nas chamadas "constelações familiares", era possível realmente acessar esses registros que eram conhecidos como "akáshicos" por místicos.

Akasha é uma palavra que veio do sânscrito e significa céu, éter, um sentimento etéreo de muita calmaria e características espirituais. No hinduísmo, é a matéria de nossas almas.

A palavra Akáshico deriva de akasha. E se refere ao paraíso das almas, uma espécie de céu transcendental onde ficam arquivados os nossos registros akáshicos, que nada mais são do que os tempos de nossa vida em uma única fonte de informação. O passado e tudo o que já foi realizado, pensado e visto. Também o presente, com suas ações cotidianas e todos os seus atuais segredos. E, por fim, o futuro, com todas as possibilidades e pretensões que você tem para o destino.

Desse ponto de vista acima mencionado, os registros akáshicos são os arquivos de todas as informações presentes em nossas vidas passadas, presente, paralelas e futuras. São a memória viva de todo o vivenciado em nossas existências, registradas, de alguma forma, em nosso DNA e RNA.

Essa concepção mencionada ficou comprovada com a demonstração de que vivemos realmente em um universo holográfico. E esse conhecimento determinava a forma de pensar e de se comunicar da civilização que nos encontrou.

Hoje, existem projetos científicos comuns em curso, mesmo com a dificuldade de comunicação que ainda existe, mas já trabalhamos para criar sistemas computacionais que traduzem nossas línguas para a língua unificada do povo que encontramos em Órion.

O ponto relevante que vale a pena destacar é que a linguagem deles é formada não por palavras, mas por símbolos que transmitem ideias completas.

Uma das coisas que não tivemos dificuldade em entender apesar das diferenças de formas de comunicação foi o fato de que eles tinham uma compreensão muito mais profunda sobre as manifestações de vida pelo Universo, e de fato, nos mostraram como toda forma de vida está relacionada e integrada.

Grandes perdas de vida no nosso planeta, devido à guerra, chocaram eles, que segundo nosso entendimento do eles eles nos ensinaram, toda vida está ligada, não importa as distâncias, numa ampliação do que acreditávamos dos campos quânticos.

Minha companheira extraterrestre

Devido ao meu contínuo trabalho científico desde que fui obrigado à ir para a reserva, e assim deixando a ativa militar pelo imposição do limite de idade, passei a desenvolver e trabalhar para institutos de pesquisas vinculadas à Força Aérea Brasileira e depois para as instituições da Organização Mundial que substituiu a antiga Organização das Nações Unidas (ONU).

Com isso tive a oportunidade de conhecer e dessa forma venho interagindo com um ser do sexo feminino de nome que para mim, soa algo como "Srandy", não sei precisar a idade dela, mas ela já deixou claro que não importa a cronologia de vida ocupando um corpo.

Ela é diferente de nós seres humanos, um pouco mais baixa, boca pequena, orelhas pequenas, porém é possível perceber que os traços são mais delicados por ser fêmea.

A minha conexão com ela foi instantânea e extremamente natural. Só depois que entendi a razão, como vou explicar mais adiante.

Quando ela me tocou a pele da minha testa, ela imediatamente parece que despertou lembranças que estavam guardadas dentro de mim, em algum ponto de meu cérebro. Em poucos segundos, pude ver diversas passagens de vidas que eu mesmo tive, em diversos momentos da história na Terra e fora dela.

Sim, como você leitor leu, nós ocupamos vários corpos durante a evolução de nossa Alma, e em vários planetas também, se você pensou nisso.

Não sei ainda explicar a conexão que fizemos e como se deu essa conexão, mas eu tive uma simpatia quase imediata com ela e pelo que vi depois, essa conexão já era antiga.

Quando ela queria me explicar alguma coisa, ela não me passava palavras, eram ideias completas e extremamente nítidas, inclusive com a fundamentação natural do que ela me mostrava.

Outra coisa que passei a compreender imediatamente, foi como a energia era transformada pelo meu corpo mantendo a vida pulsante. Biologicamente, eu sei que o meu corpo tem uma duração. Cheguei aos cem anos lúcido e ativo, graças à ajuda da minha amiga.

Meu corpo processa a energia que absorvo do Sol, dos alimentos e da respiração de maneira muito mais eficiente do que seria possível fazer 50 anos atrás com a mesma idade que tenho hoje. Porém, como eu disse, ganhei mais tempo para viver nesse corpo apenas. Mas isso não vale a pena, na verdade, permanecer nele. Mas vamos deixar as coisas acontecerem de modo natural.

Durante a vida neste planeta Terra, sempre gostei de olhar para o céu, especialmente durante o nascer do Sol e pôr do Sol. Sempre achei um momento mágico. Já encontrei quando eu estava com aproximadamente 40 anos, uma moça casada que também senti a mesma coisa quando a abracei numa oportunidade de curso que realizamos juntos e ela era instrutora. Foi uma sensação única e de intensa conexão.

Pouco tempo depois, e bem antes da guerra, tive um sonho lúcido onde eu me vi vivendo em outro planeta e me preparando para nascer na Terra. Havia um grupo que juntos estavam sendo preparados para a viagem. Eu a vi, sendo recebida e cumprimentada por todos em uma espécie de auditório onde éramos preparados.

Depois que acabou eu e ela ficamos sentados olhando para o lindo céu noturno, onde víamos três satélites naturais e muitas estrelas, em um céu repleto de cores, mesmo na escuridão da noite. Ficamos sentados e conversando muito tempo. Estávamos nos despedindo, pois eu viria primeiro para a Terra. Cada um de nós teria uma missão específica e nós esqueceríamos nossa vida anterior para nos proteger. E que só ficaríamos juntos novamente, após cumprir a missão na Terra. E assim foi. E assim será!

Nos encontramos na Terra, muito tempo depois de nascidos aqui, ela já casada e eu recém saído de uma desilusão amorosa. Não foi preciso muito tempo para percebemos a conexão. Ela continuava gostando de olhar para as nuvens e para o céu, assim como eu. De imediato, também sabíamos que nem eu e nem ela poderia interferir na vida do outro aqui. Foi apenas um reencontro passageiro e muito bom.

O interessante de tudo é que ela parecia saber exatamente o que eu pensava, toda vez que nos encontramos durante os quatro anos do curso. Ela me falava rapidamente, e acertava sempre. Mas não disse isso para ela. E nem precisava. Ela sabia!

Esses encontros absolutamente insólitos e essas experiências como o sonho lúcido explicado acima, foram parte de minha preparação para tudo que viria depois.

Engraçado que ao longo de minha vida fui encontrando e me apaixonando por muitas mulheres diferentes, diferente no sentido de ser "especial". Muitas com habilidade mediúnicas e muito sensitivas. Foram namoradas maravilhosas enquanto compartilhamos juntos experiências.

Uma dessas mulheres maravilhosas que tive oportunidade de conviver, me deu um terceiro filho, ela tinha habilidades mediúnicas e trabalhava com essa capacidade em um centro espírita.

A minha relação com ela nasceu despretensiosamente e sem qualquer esperança de uma relação duradoura. Mas a ligação com ela foi crescendo aos poucos, paulatinamente, fomos criando uma relação física, que depois passou para uma relação muito mais profunda. Sem saber, essa ligação com ela me preparou para a guerra, para as descobertas científicas e finalmente para deixar meu terceiro filho como comandante de viagens espaciais, pois ele também nasceu aparentemente já preparado para o que aconteceria no pós guerra.

Infelizmente eu deixei de ter a presença física dela, quando eu tinha quase 90 anos, ou seja dez anos atrás, que me deixou muito triste, porém essa tristeza depois se tornou a certeza que eu irei reencontrá-la em algum momento neste ou em outro universo, pela ligação que nós estabelecemos.

Meu terceiro filho acabou ajudando os meus dois primeiros filhos e as duas filhas que ela já tinha de outros relacionamentos e todos trabalham em prol da melhoria da humanidade.

Hoje, considero engraçado que agora, aos cem anos, me encontro apaixonado novamente, só que pela inteligência e sensibilidade de uma extraterrestre, que encontrei por acaso e acabei desenvolvendo uma ligação muito mais que física.

O que aprendemos

A ideia do teletransporte sempre foi frequentemente explorada na ficção científica, mas, do ponto de vista da física quântica, havia algumas perspectivas interessantes a considerar.

O teletransporte quântico que era um fenômeno teórico e não estava disponível na prática, passou a ser do conhecimento humano com a ajuda dos nossos amigos extraterrestres.

Já sabíamos que o emaranhamento quântico era um fenômeno intrínseco da mecânica quântica em que partículas podem ficar correlacionadas de forma instantânea, independentemente da distância que as separa. Se duas partículas estiverem emaranhadas, qualquer alteração em uma delas afetará instantaneamente a outra, independentemente da separação espacial entre elas. Essa propriedade é explorada na teoria do teletransporte quântico.

Com a ajuda de nossos amigos aprendemos como fazer transferência de informações, tendo em vista que o teletransporte quântico não envolve a transferência de matéria física, mas sim a transferência de informações quânticas de um lugar para outro. Basicamente, um sistema emaranhado é criado entre a partícula a ser teletransportada (o objeto) e uma partícula em um local remoto (o destino). Em seguida, a informação quântica da partícula original é medida e transmitida ao destino usando um canal clássico de comunicação. Essa informação é usada para reconstruir o estado quântico da partícula no destino, algo que a antiga série Jornada nas Estrelas da década de 60 do século XX já mostrava.

No processo de teletransporte quântico, a partícula original é destruída durante a medição de suas propriedades quânticas e só é recriada no destino, usando as informações transmitidas pelo canal clássico. Em essência, o objeto é desmontado e suas características quânticas são transferidas para o objeto no destino, permitindo que ele seja reconstituído.

Um dos pontos mais controversos que, na verdade, gerava muito medo era a questão da Conservação da informação e entropia.

Como sabíamos teoricamente, o teletransporte quântico envolve a conservação da informação. A informação quântica é preservada no processo, mas a partícula original é destruída. Esse processo está relacionado ao conceito de entropia na física quântica, que mede a quantidade de informação contida em um sistema. A destruição da partícula original aumenta a entropia do sistema, mas a informação é conservada no destino.

O medo ao qual eu me referi acima, considerava a possibilidade de destruir a informação original e não ser capaz de recriar. Então poderia destruir o corpo humano e não ser mais capaz de reaproveitar a informação para recriar. Assim, o receio dos cientistas era de que não pudesse fazer o transporte de um ser vivo Felizmente, nossos amigos extraterrestres foram capazes de nos ensinar como fazer isso, mesmo com as dificuldades de comunicação que já citei.

Com esse conhecimento, foi mais fácil fazer viagens muito distantes praticamente instantaneamente, o que mostrou, por outro lado, que já éramos visitados sem a necessidade de naves espaciais por civilização bem mais avançada.

Sobre o mais importante que estamos aprendendo

A forma como um ser evoluído encara a morte pode variar dependendo de suas crenças, filosofias e nível de desenvolvimento espiritual. No entanto, há algumas perspectivas gerais que podem ser destacadas na convivência mais profunda com seres realmente evoluídos.

O fim da vida no corpo individual ganhou uma aceitação mais serena pela maioria da população que vive hoje, pois aprendemos com esses seres mais evoluídos que se pode encarar a morte com uma compreensão profunda da natureza transitória da vida. A civilização que nos encontrou reconhece que a morte faz parte do ciclo natural da existência e que todas as coisas têm um fim. Essa aceitação pode estar fundamentada em uma sabedoria interior e uma visão holística da realidade.

Mostram muito desapego das formas individuais pois aprendemos que seres mais evoluídos transcenderam o senso de identidade individual estrito e desenvolvido para uma compreensão mais ampla da interconectividade de todas as coisas. Eles enxergam a morte como uma transformação em vez de um fim definitivo, percebendo que a essência da vida transcende as formas individuais.

Por isso, eles mantêm foco no propósito e significado. Como seres evoluídos, passaram a direcionar sua atenção e energia para o propósito e significado da vida, em vez de se fixar na inevitabilidade da morte. Eles se concentram em viver plenamente no presente, contribuir para o bem-estar dos outros e cultivar relacionamentos significativos, reconhecendo que essas são as coisas que realmente importam.

Por consequência, a transcendência do medo é visível, tendo em vista, que superado o medo da morte é encontrado uma paz interior que não é abalada pela perspectiva de fim que a morte representa. Eles ultrapassaram a identificação excessiva com o corpo físico e se sintonizam com um sentido mais profundo de identidade e conexão.

Para a humanidade, a jornada em direção a essa compreensão pode ser longa e requer trabalho interno contínuo. Cada pessoa tem sua própria jornada única e pode ter diferentes visões e abordagens em relação à morte, mesmo em um caminho de evolução espiritual. O importante é encontrar uma perspectiva que traga paz, significado e aceitação pessoal.

Ao encerrar minha história

No final desta jornada de memórias, olho para trás e vejo o quanto percorri. As páginas desta história, praticamente uma autobiografia após uma guerra devastadora, são uma representação sincera e emocionante da minha vida, com todos os altos e baixos, as conquistas e as adversidades que enfrentei ao longo do caminho e principalmente de muitas descobertas quando pensei que seria o fim catastrófico de toda uma civilização.

Ao compartilhar essa minha história, espero ter inspirado e tocado a vida de cada leitor que teve a gentileza de me acompanhar nesta jornada. Minhas experiências, sucessos e fracassos, têm sido parte fundamental do meu crescimento pessoal e da minha busca pela felicidade e realização, que só alcancei depois de enfrentar a morte, a destruição e a total falta de esperança da maioria da população.

À medida que chego ao fim deste livro, sinto uma sensação de gratidão profunda. Sou grato pelas oportunidades que a vida me proporcionou, pelas pessoas que encontrei ao longo do caminho, pelas lições que aprendi e pelas memórias que carrego comigo, pois foi da adversidade que tirei os melhores ensinamentos.

Minha história não termina aqui. Continuarei a explorar novos horizontes, a enfrentar desafios e a buscar significado em cada momento. Que este livro seja um lembrete de que cada um de nós tem a capacidade de superar adversidades, de abraçar nossas paixões e de construir uma vida que seja autêntica e significativa.

Encerro esta história com a esperança de que, ao compartilhar minha jornada, possa ter oferecido um pouco de inspiração, coragem e compreensão. Que cada leitor seja incentivado a contar sua própria história, a perseguir seus sonhos e a abraçar a jornada que está à sua frente, seja ela qual for, aceitando tudo que a vida oferecer

pelo meu lado, agradeço a todos que me acompanharam nesta viagem e espero que nossos caminhos possam se cruzar novamente em outras páginas da vida, mesmo aqueles que me decepcionaram.

Os que me ofenderam também me ensinaram, nesse caso, o que não fazer ao próximo.

A vida é repleta de surpresas e uma viagem incrível, por isso, seja qual o momento que você estiver passando, nunca perca a FÉ!

Com gratidão e carinho, eu no futuro!